生活垃圾焚烧发电
知识问答

SHENGHUO LAJI FENSHAO FADIAN
ZHISHI WENDA

生态环境部华南环境科学研究所（生态环境部生态环境应急研究所）/ 编著

中国环境出版集团 · 北京

图书在版编目（CIP）数据

生活垃圾焚烧发电知识问答 / 生态环境部华南环境科学研究所（生态环境部生态环境应急研究所）编著 . --北京：中国环境出版集团，2022.12
ISBN 978-7-5111-5412-5

Ⅰ.①生… Ⅱ.①生… Ⅲ.①垃圾发电—问题解答
Ⅳ.① X705-44

中国版本图书馆 CIP 数据核字 (2022) 第 247033 号

出 版 人　武德凯
责任编辑　董蓓蓓
装帧设计　宋　瑞

出版发行　**中国环境出版集团**
　　　　　（100062 北京市东城区广渠门内大街 16 号）
　　　　　网　　址：http://www.cesp.com.cn
　　　　　电子邮箱：bjgl@cesp.com.cn
　　　　　联系电话：010-67112765（编辑管理部）
　　　　　发行热线：010-67125803，010-67113405（传真）
印　　刷　北京中科印刷有限公司
经　　销　各地新华书店
版　　次　2022 年 12 月第 1 版
印　　次　2022 年 12 月第 1 次印刷
开　　本　880×1230　1/32
印　　张　3.375
字　　数　100 千字
定　　价　22.00 元

前言

2020 年我国城市生活垃圾清运量已经超过 2.3 亿 t，许多城市面临着"垃圾围城"的困境。城市生活垃圾的无害化处置不仅关系到居民生活环境，更成为人类文明发展的一个"世界难题"。美国著名未来学家托夫勒在《第三次浪潮》中曾预言继农业革命、工业革命、计算机革命之后，影响人类生存发展的又一次浪潮，将是垃圾革命。

我国生活垃圾无害化处理的方式主要有三种：填埋、焚烧和生化处理。近十年来，我国垃圾焚烧发电行业飞速发展，焚烧处理规模呈指数级增长。"十三五"末期，城镇生活垃圾焚烧占比已超过 45%，处理方式已由填埋为主导转变为填埋和焚烧相结合；全国在用垃圾焚烧发电厂超过 500 座，日处理规模 58 万 t。未来 5 ～ 10 年内，我国垃圾焚烧将继续快速增长，城市生活垃圾处理将以焚烧为主导。

但是，生活中许多人会谈起"垃圾焚烧"而色变，垃圾焚烧产生的二噁英问题被公众日渐关注，由此引发反对建设垃圾焚烧发电厂的"邻避效应"。

公众对垃圾焚烧发电的认知水平有限，故而对垃圾焚烧发电影响自身健康、周边环境及区域发展存在担忧和疑虑。一边是行业规模的急速扩张，一边是"邻避效应"的痛点及公众的高度关注。因此，科学地普及垃圾焚烧相关知识以揭开垃圾焚烧的"神秘面纱"符合广大人民群众的迫切需求。

面对这样的社会需求，本书聚集了国内长期从事垃圾焚烧研究和监管相关工作的专业团队，组织编写了与广大读者生活密切相关的垃圾焚烧科普读物。本书在该专业团队推进垃圾焚烧发电行业全面达标排放行动中积累的丰富实践经验和理论思考的基础上，围绕垃圾焚烧的概况、垃圾焚烧的原理、垃圾焚烧发电的主体工艺和设备、垃圾焚烧污染控制和处理、垃圾焚烧发电厂的管理和污染物监测、垃圾焚烧相关法律法规和标准以及公众参与等方面，全面阐述了垃圾焚烧相关知识。该书图文并茂，深入浅出地向读者展示了垃圾焚烧的方方面面。这些知识有利于让公众更好地了解垃圾焚烧、辩证地看待垃圾焚烧以缓解邻避效应，也有利于公众更好地发挥监督作用，促进整个行业的良性发展。

第一部分 垃圾焚烧概况 1

第二部分 垃圾焚烧的原理 17

目录

第三部分 垃圾焚烧主体工艺和设备 27

第六部分 焚烧发电厂的管理和污染物监测 **63**

第七部分 垃圾焚烧相关法律法规和标准 **73**

第八部分 环境保护公众参与 85

第一部分
垃圾焚烧概况

1. 什么是生活垃圾?

　　《中华人民共和国固体废物污染环境防治法》附则部分对"生活垃圾"的概念进行了定义。生活垃圾是指在日常生活中或者为日常生活提供服务的活动中产生的固体废物,以及法律、行政法规规定视为生活垃圾的固体废物。

　　一般来说,人们日常生活和商业活动中产生的固体废物都属于生活垃圾,而产生的构筑物、管网、弃土、弃料和其他固体废物等则属于建筑垃圾范畴,不属于生活垃圾。生活垃圾一般分为四大类:可回收物、厨余垃圾、有害垃圾和其他垃圾。

2. 生活垃圾的处理方式有哪些?

　　目前生活垃圾的主要处理方式为焚烧、卫生填埋和生化处理等,其中应用最广的是焚烧和卫生填埋。

焚烧是一种高温热化学处理技术。在高温条件下，垃圾中的可燃组分与空气中的氧进行剧烈的化学反应，释放出热量并转化为高温的烟气和少量残渣。焚烧法处理无害化、减容效果好，但投资大、处理费用高。此种处理方法适用于经济发展水平较好，且土地资源稀缺的地区。

卫生填埋一般是在空置的土地上铺上防渗垫层，将垃圾铺于防渗垫层上并压实，最终覆土的过程。填埋法的优点是初期投资较少，运行费用低，工艺较简单、成熟；其缺点是占地面积大，容易造成二次污染，且填埋气体较难收集利用。

生化处理指在好氧或厌氧条件下，微生物将垃圾中的有机物分解、腐熟，转变成腐殖质的过程。生化处理主要用来处理厨余垃圾等有机垃圾，目前主要采用堆肥处理法。生化处理应剔除玻璃、砖、瓦和金属等其他杂质。

3. 什么是生活垃圾焚烧？

顾名思义，生活垃圾焚烧指采用焚烧方式处理生活垃圾，以最终达到生活垃圾无害化处理。生活垃圾焚烧技术并不是指简单的一烧了之，而是需要通过进料、焚烧、发电和污染控制等流程以达到无害化和能源化利用。生活垃圾焚烧需要配备的系统包括垃圾接收和储存系统、垃圾焚烧系统、余热利用和发电系统、烟气净化系统、污水处理系统等。

随着人民群众对生态环境质量要求的逐步提高，我国的生活垃圾焚烧发电厂（以下简称垃圾焚烧厂）不仅在环保方面实行越来越严格的标准，在外观设计和环保教育参观等方面也实行了更高的要求。因此，部分生活垃圾焚烧厂不仅厂内环境良好、外观设计美观，还可以对社会开放，成为重要的环保教育基地。

4. 垃圾焚烧技术的特点有哪些？

垃圾焚烧技术的主要特点如下：

（1）节省用地。与卫生填埋相比，处理相同量的垃圾，垃圾焚烧厂占地面积不到卫生填埋场的1/10。

（2）处理速度快。生活垃圾在卫生填埋场分解时间长达几年甚至数十年，而采用焚烧的方法只需要数小时便可将堆酵好的垃圾完全烧掉。

（3）减容效果好。垃圾焚烧后产生的炉渣和飞灰等固体废物重量约为入炉垃圾重量的 20%，即减容量达 80% 左右。

　　（4）污染排放可实时监控。垃圾焚烧厂产生的烟气和废水排放口均需安装在线监测设备，污染物排放情况实时可控。

　　（5）能源利用率高。1 t 垃圾一般可发电 300 kW·h，热值高的发电更多。

　　综上所述，垃圾焚烧技术具有无害化、减量化和资源化效果突出的特点，且污染物排放可控，适用于处理生活垃圾。

5. 生活垃圾焚烧处理适用于哪些地区？

　　2011 年 9 月，国务院印发的《关于进一步加强城市生活垃圾处理工作意见》中就曾明确提到国土资源紧缺、人口密度高的城市要优先采用焚烧技术。近几年，由于城市原有垃圾填埋场逐步"退休"，新建填埋场落地难度大，为解决垃圾围城的困境，垃圾焚烧处理规模快速增长。《"十三五"全国城镇生活垃圾无害化处理设施建设规划》中提到城市生活垃圾焚烧占比目标为50%，而这一目标值在"十四五"规划中增加至65%。

由于生活垃圾焚烧技术具有占地面积小、处理效率高、垃圾减容效果明显、焚烧产生的热量可用来发电或供热等优势，能有效实现减量化、无害化和资源化，但垃圾焚烧技术投资费用较高且有一定的规模要求，较为适用于土地资源紧缺、经济发达、人口集聚程度较高或垃圾能集中处置的地区。

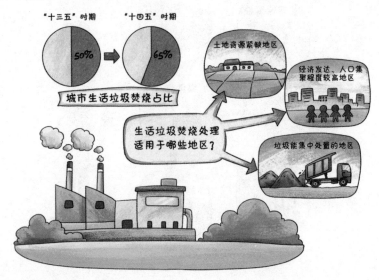

6. 垃圾焚烧适用于处理农村生活垃圾吗？

我国地域辽阔，各地发展不平衡，农村情况也各有不同。部分农村地区基础设施建设还不完善，居住分散，垃圾收集处置等环卫设施缺乏，难以形成规模效应；部分发达农村地区则与城市情况相差不大。一般来说，由于较易混入灰土等其他杂质，我国农村生活垃圾热值较低。但随着我国经济的发展和农村收入水平的提高，目前我国农村生活垃圾成分也趋于"城市化"了，而且由于家庭厨余垃圾大部分可得到有效分类回用，部分农村地区的垃圾热值与城市相差不大，可以进行焚烧处理。

此外，运输距离也是一个重要影响因素。对于运距较远的山区，农村生活垃圾不适合进行焚烧处理；对于运距较近的平原地区，可进行焚烧处理。

综上可知，农村生活垃圾是否采用焚烧处理应结合当地实际，因地制宜。人口集聚程度和地区经济发展水平较高的农村地区，可采用焚烧的方式处理生活垃圾。

7. 厨余垃圾适合焚烧处理吗？

厨余垃圾一般指居民日常生活及食品加工、饮食服务、单位供餐等过程中产生的厨房垃圾，具体包括家庭厨余垃圾、餐厨垃圾、其他厨余垃圾。厨余垃圾一般含水率较高（70%以上）、热值较低，不适合直接焚烧处理。

由于厨余垃圾含大量有机物，故适宜采用生化处理，可用来制作有机肥料等产品。为规范厨余垃圾处理，住房和城乡建设部发布了《餐厨垃圾处理技术规范》。但是，在生活垃圾分类效果差或厨余垃圾末端处理设施配备不足的地区，仍存在厨余垃圾与其他生活垃圾混在一起被填埋或焚烧处理的情况。

随着我国生活垃圾分类工作的逐步推进，生活垃圾精细化管理和处置水平也在不断提高。相信在不久的将来，随着居民分类意识的增强以及厨余垃圾处理设施的完善，将逐步实现厨余垃圾变"废"为"宝"。

8. 生活垃圾焚烧可以掺烧其他废弃物吗？

《生活垃圾焚烧污染控制标准》（GB 18485—2014）对垃圾焚

烧厂的入炉垃圾进行了规定。根据该标准的相关要求,在保证焚烧工况正常及污染物达标排放的前提下,焚烧生活垃圾时可以掺烧生活污水处理设施产生的污泥和一般工业固体废物。此外,进行破碎毁形和消毒处理并满足消毒效果检验指标的《医疗废物分类目录》中的感染性废物也允许进入生活垃圾焚烧炉进行焚烧处置。

值得注意的是,由于进入焚烧炉的物料组分可以直接影响焚烧工况和污染物的产生及排放,所以掺烧上述废弃物时应严格控制其掺烧比例。

9. 垃圾焚烧从何时兴起,发展现状如何?

填埋是人类历史上记载的最早的垃圾处理技术,填埋最先出现在英国。由于城市化进程导致城市人口急剧增加,为了改善环境卫生状况，1848 年英国政府制定并实施了《公共卫生法》，开始把垃圾集中起来之后送到离居住地较远的地方堆放或填埋。但填埋方法不当可能引发传染病的蔓延，垃圾焚烧就是在这种背景下应运而生的。

1896 年，德国汉堡建立了人类历史上的第 1 座垃圾焚烧厂。100 多年来，随着垃圾焚烧技术的不断发展和成熟，垃圾焚烧技术已经从原来较为原始落后的状态发展成为科技含量高、机电光气一体化、污染控制技术先进的现代化焚烧技术，并成为许多发达国家和地区处理城市生活垃圾的主要方式。

随着现代科技的发展，地球人口不断增加，目前全球 70 多亿人口每天会产生巨量的生活垃圾和工业废物。若将人类产生的废物不断堆积和填埋起来，由此引发的污染问题将成为地球生态环境灾难。而采用现代化的焚烧和污染控制技术，可以有效地消除废物堆积和填埋产生的污染问题。因此，垃圾焚烧技术也逐渐成为人类解决垃圾问题的主流技术手段。

10. 我国垃圾焚烧的发展现状如何?

垃圾处理是一项民生工程,采用何种处理方法关系重大。总体上说,以卫生填埋为主的方法已不再符合我国的国情,垃圾填埋规模正逐步削减。2010 年以来,我国垃圾焚烧规模呈"爆发式"增长,日焚烧规模从 2010 年的 9.0 万 t 增加至 2020 年的 58 万 t,垃圾焚烧超越卫生填埋成为我国生活垃圾无害化处理的主导手段。

11. 国家对垃圾焚烧发电行业的监管力度如何?

随着焚烧规模的扩大,国家对垃圾焚烧发电行业的监管重视程度也不断加强,这可以从近几年来生态环境部密集出台的政策或开展的行动中体现出来。

（1）2016 年，垃圾焚烧行业列入工业污染源全面达标行动计划。

（2）2017 年，党的十九大报告中提到"加强固体废物和垃圾处置"，环境保护部（现生态环境部）开始组织在垃圾焚烧发电行业全面开展"装、树、联"工作。

（3）2018 年，生态环境部开展垃圾焚烧发电行业达标排放专项行动，此行动列入生态环境部"7+4"行动。

（4）2019 年，生态环境部印发《关于组织开展生活垃圾焚烧发电厂自动监控运行情况执法检查的通知》（环执法发〔2019〕7 号），组织开展全国范围内的自动监控运行情况执法检查；发布了《排污许可证申请与核发技术规范　生活垃圾焚烧》（HJ 1039—2019）。

（5）2020 年，《生活垃圾焚烧发电厂自动监测数据应用管理规定》（生态环境部令　第 10 号）正式施行，自动监测数据开始向全社会公布。

12. 垃圾分类可以取代垃圾焚烧吗？制取垃圾衍生燃料能够取代垃圾焚烧吗？

关于垃圾分类能否取代垃圾焚烧，首先需要明确垃圾分类与垃圾焚烧之间的关系。两者既不是相互对立的关系，也不是相互替代的关系，而是相辅相成的关系。垃圾焚烧工艺具有无害化彻底、减量化明显、能源回收效率高等特点，是现代化垃圾处理技术的重要组成部分。部分垃圾分类做得好的发达国家，如日本、瑞士、德国，垃圾焚烧占比很高。所以垃圾分类不可能替代焚烧，但是可以提高焚烧系统资源、能源回收效率和二次污染控制水平，做到"少烧""好烧"。

垃圾衍生燃料和垃圾焚烧，两者同样既不是相互对立的关系，也不是相互替代的关系。某些发达国家，如德国，将分好类的垃圾制作成衍生燃料然后进行焚烧，有利于提高垃圾发电设施营运效率，减少污染排放。

13. 垃圾焚烧厂包括哪些组成部分？

垃圾焚烧厂一般主要包括主体工程、公共辅助工程和环保工程等几大类工程系统。其中主体工程包括垃圾接收、储存与运输系统，垃圾焚烧系统，垃圾热能利用系统等；公共辅助工程主要包括全厂给排水、循环冷却水、电气、仪表自动化、通风与空调工程、压缩空气供应和消防系统等；环保工程则主要包括烟气、恶臭、废水、固体废物和噪声等的处理系统。

现代垃圾焚烧厂是一个既完善又先进的复杂工程系统，一般配套有先进的仪表和自动控制系统以确保焚烧工况的稳定，并配有各项污染物防控设施，可以有效消除垃圾焚烧产生的二次污染。

14. 垃圾焚烧厂是重点排污单位吗？

在我国，"重点排污单位"是指纳入重点排污单位名录的企业事业单位，由设区的市级人民政府生态环境主管部门确定，于每年3月底前公开发布。重点排污单位一般涵盖一个地区排污量较多、对社会或环境影响较大、社会关注度较高的企业事业单位。垃圾焚烧厂符合以上重点排污单位的特征。同时，根据《生活垃圾焚烧发电厂自动监测数据应用管理规定》（生态环境部令 第10号）第三条："设区的市级以上地方生态环境主管部门应当将垃圾焚烧厂列入重点排污单位名录。"因此，生活垃圾焚烧厂属于重点排污单位。

15. 垃圾焚烧厂如何选址？

　　由于垃圾焚烧厂的选址常常因为"邻避效应"而激起社会矛盾，其选址需要综合考虑多种因素，包括地理位置、运输条件、环境容量、地质条件、风向、环境防护距离、地块规划情况等。一般来说，垃圾焚烧厂的选址需要通过层层考量和把关才能最终被确定下来：首先在地区的专项规划阶段，就需进行选址比选和论证，并确定拟选厂址；然后在建设前期阶段，又需对拟选厂址做进一步评价论证；在确定厂址后，还需按国家规定进行环境影响评价、用地审批等等一系列审批。经过层层考量才能最终确定垃圾焚烧厂的建设厂址。

第二部分
垃圾焚烧的原理

16. 垃圾焚烧的基本原理是什么？

垃圾焚烧的基本原理就是燃烧，燃烧是指可燃物与氧化剂作用发生的放热反应，通常伴有火焰、发光和（或）发烟现象。

燃烧现象的发生需要具备三个要素，即可燃物质、助燃物质和温度达到着火点，三者相互依赖、互相作用。

生活垃圾燃烧过程是在焚烧炉内进行的，具体来说，生活垃圾就是可燃物质，空气作为助燃物质持续通入焚烧炉内，在焚烧炉受限空间高温的环境下生活垃圾持续燃烧。

17. 什么是生活垃圾热值？热值一般为多少？

生活垃圾热值是指单位质量的生活垃圾完全燃烧时所释放的热量，一般采用氧弹热量计进行测定。生活垃圾焚烧发电厂就是利用生活垃圾燃烧产生的热量进行发电，实现生活垃圾资源化利用。生活垃坂热值越高，燃烧产生的热量越多，发电能力越强。

垃圾焚烧技术一般要求入炉垃圾平均低位热值高于 5 000 kJ/kg。随着我国经济社会发展和人民生活水平的提高，生活垃圾热值也在不断提高，现阶段我国主要城市的生活垃圾热值已超过 6 000 kJ/kg，与世界发达国家或地区相当。

18. 生活垃圾焚烧的炉型主要有哪几种？应用情况如何？

目前，我国生活垃圾焚烧的炉型主要有机械炉排焚烧炉和流化床焚烧炉两大类型。

早期我国生活垃圾产量较少，热值较低，垃圾焚烧应用循环流化床焚烧技术较多。随着我国生活垃圾产量和热值的不断增加，机械炉排焚烧炉焚烧技术逐渐推广。机械炉排焚烧炉是目前在生活垃圾焚烧处理中应用最为广泛的焚烧炉，占全世界垃圾焚烧市场总量的80%以上。机械炉排焚烧炉采用层状燃烧方式处理垃圾，利用炉排的机械运动带动垃圾移动、翻转，使其彻底燃烧。

流化床焚烧炉也是目前在生活垃圾处理中较为常见的焚烧炉，所谓流化床，是指炉内物料在供风的推动下，呈现流化状态。《生活垃圾焚烧污染控制标准》（GB 18485—2014）出台前，流化床焚烧炉在国内发展较为迅速，市场占比30%以上。2016 年以来，《生活垃圾焚烧污染控制标准》（GB 18485—2014）全面实施，垃圾焚烧发电行业全面达标行动启动，流化床焚烧炉市场占比下降至20%以下。

19. 什么是机械炉排焚烧炉？有什么优缺点？

机械炉排焚烧炉是当前应用较广泛的生活垃圾焚烧炉型，可以直接焚烧原生垃圾。生活垃圾燃料层置于炉排片上，从炉排下部通入助燃空气促使生活垃圾燃料层燃烧，生活垃圾在炉排的推动下分别经过干燥段、燃烧段、燃烬段。

机械炉排焚烧炉技术成熟，运行稳定、可靠，适应性广，维护简单，绝大部分生活垃圾无需预处理即可直接进炉燃烧，尤其适用于大规模的生活垃圾集中处理并发电（或供热）。

但是，机械炉排焚烧炉对入炉垃圾热值要求较高，不适用于垃圾量较少、垃圾热值较低的欠发达地区。

20. 什么是流化床焚烧炉？有什么优缺点？

流化床焚烧炉是当前生活垃圾焚烧炉型的一种，适用于破碎后的生活垃圾焚烧处理。流化床焚烧炉的特点是生活垃圾与一定速度的空气在炉膛内混合，固体颗粒呈流态化沸腾状态进行燃烧。

流化床焚烧过程一般需要添加原煤作为辅助燃料，可以处理热值较低的生活垃圾。流化床工艺适用于粒径较小的固体燃料颗粒，所以流化床垃圾焚烧一般需要配套建设垃圾分选、破碎等预处理设施，可以分离部分可回收垃圾，混料也相对更均匀，焚烧过程可以实现物料返料循环燃烧，垃圾燃烬效果较好，焚烧炉渣热灼减率很小。

但是，如果破碎后的生活垃圾粒径仍然比较大且不均匀，将导致流化焚烧效果欠佳，进而影响垃圾稳定燃烧。此外，流化床会产生大量的飞灰，积灰严重时会影响设备正常运行，影响垃圾的稳定燃烧。

21. 垃圾焚烧过程是否可调控？控制要求是什么？如何实现？

生活垃圾焚烧可通过对"燃烧三要素"进行调控，使得垃圾烧得好、烧得透。生活垃圾有序投料、助燃空气及时调节、炉膛温度实时监控，都是实现生活垃圾稳定焚烧的有效手段。

焚烧炉主要技术性能指标应满足炉膛内焚烧温度大于等于850℃，炉膛内烟气停留时间大于等于 2 s，焚烧炉渣热灼减率小于等于 5%。应采用"3T+E"控制法使生活垃圾在焚烧炉内充分燃烧，即保证焚烧炉出口烟气有足够的温度（temperature）、烟气在燃烧室内停留足够的时间（time）、燃烧过程中适当的湍流（turbulence）和过量的空气（excess-air）。

为满足上述调控要求，生活垃圾焚烧过程对一些燃烧工况指标进行了实时监控，例如焚烧炉膛布设多个温度、压力、氧含量测点，用于分析研判垃圾是否稳定燃烧，并通过及时调整垃圾投放、助燃空气供给、炉排推料运动、炉渣排放等促进垃圾稳定焚烧，减少工况参数的剧烈波动。

此外，还可以通过观察炉渣是否残存较多的可燃垃圾进行辅助判定，或者通过实验室测定炉渣热灼减率是否满足国家规范要求。

22. 炉温达标是如何定义的？为什么要控制炉温达标？

《生活垃圾焚烧污染控制标准》（GB 18485—2014）及其 2019 年修改单要求，炉膛内焚烧温度大于等于 850℃，检验方法是通过在二次空气喷入点所在断面、炉膛中部断面和炉膛上部断面中至少选择两个断面分别布设监测点，实行热电偶实时在线测量。《生活垃圾焚烧发电厂自动监测数据应用管理规定》（生态环境部令 第 10 号）第七条规定："垃圾焚烧厂应当按照国家有关规定，确保正常工况下焚烧炉炉膛内热电偶测量温度的 5 分钟均值不低于 850℃。"

《生活垃圾焚烧发电厂自动监测数据标记规则》（生态环境部公告 2019 年第 50 号）第 3.4 条明确炉膛温度"以焚烧炉炉膛内热电偶测量温度的 5 分钟平均值计，即焚烧炉炉膛内中部和上部两个断面各自热电偶测量温度中位数算术平均值的 5 分钟平均值"。

因此，炉温达标是指：焚烧炉炉膛内中部和上部两个断面，各自热电偶测量温度中位数算术平均值的 5 min 平均值大于等于 850℃。

炉温达标是保证垃圾在焚烧炉膛内充分燃烧的重要指标，关系到 CO 和二噁英等污染物的达标排放。通过控制炉膛内温度大于等于

850℃且炉膛内烟气停留时间大于等于 2 s，可以使炉膛内的二噁英得到有效分解。

23. 炉膛内焚烧温度如何测量？

通过在炉膛不同断面的温度测点处布设热电偶可实行炉膛内焚烧温度的在线测量。热电偶是一种利用热电效应进行测温的温度测量仪表，它由两种不同的金属材料连接形成回路，两种金属材料的一个接合点为焚烧炉内的工作端（也就是测量端），另一个接合点为焚烧炉外的冷端，冷端通过补偿导线与配套的显示仪表连接。工作端与冷端之间的温度差产生热电动势，电气仪表将热电动势转换成温度，即可测量出工作端与冷端的温度差。

热电偶

当热电偶的材料均匀时，热电偶所产生的热电动势的大小与热电偶的长度和直径无关，只与热电偶材料的成分和工作端与冷端的温度差有关。所以，热电偶可以实现测量信号远程传输，在生活垃圾焚烧厂分散控制系统（DCS）的中控室就可以显示炉膛温度的测量结果。

24. 炉温不达标的原因有哪些？如何避免？

炉温不达标的原因主要可分为入炉垃圾热值过低、生产故障和设计缺陷三类。

入炉垃圾热值过低：通过加强渣土和果蔬等低热值垃圾预处理分选、延长垃圾堆酵时间、加大炉内助燃等方式，减弱垃圾热值降低对炉温的影响。

生产故障：加强对焚烧炉的管理和运维、检修，保障其正常运行。

设计缺陷：及时开展技术改造。

炉温不达标的原因主要可分为入炉垃圾热值过低、生产故障和设计缺陷三类。

一是入炉垃圾热值低于设计低位热值导致焚烧炉热负荷过低，这种情况可通过加强渣土和果蔬等低热值垃圾预处理分选、延长垃圾堆酵时间、加大炉内助燃等减弱垃圾热值降低对炉温的影响。

二是垃圾给料不连续、排渣口堵塞等生产故障，应加强对焚烧炉的管理和运维、检修，保障其正常运行。

三是水冷壁／卫燃带等硬件设计存在缺陷，无法满足炉温达标的要求，这种情况应及时开展技术改造。

25. 炉温不达标如何处罚？

《生活垃圾焚烧发电厂自动监测数据应用管理规定》（生态环境部令 第 10 号）第十一条规定，垃圾焚烧厂正常工况下焚烧炉炉膛内热电偶测量温度的 5 min 均值低于 850℃，一个自然日内累计超过 5 次的，认定为"未按照国家有关规定采取有利于减少持久性有机污染物排放的技术方法和工艺"，依照《中华人民共和国大气污染防治法》（2018 年修正）第一百一十七条第七项的规定进行处罚。

因此，根据《中华人民共和国大气污染防治法》第一百一十七条第七项，炉温不达标应受到的处罚为：责令改正，处一万元以上十万元以下的罚款；拒不改正的，责令停工整治或者停业整治。

26. 焚烧产生的热量如何转变为电能？

生活垃圾焚烧发电厂一般依据生活垃圾处理量和垃圾热值配置焚烧炉和余热利用系统。首先，生活垃圾焚烧产生的热量被余热锅炉水冷壁内的锅炉水吸收产生饱和水蒸气，饱和水蒸气经汽包分离产生水和饱和蒸汽，饱和蒸汽再经过多级过热器、减温器调节得到设定压力和温度参数的过热蒸汽，过热蒸汽最后供汽轮发电机组发电。

27. 焚烧发电量主要受哪些因素影响？

影响焚烧发电量的主要因素是生活垃圾热值和焚烧发电系统运行的稳定性。

焚烧处理高热值的生活垃圾，可以适当提高过热蒸汽的压力和温度参数，配置相应参数的汽轮发电机组以提高发电能力。

汽轮发电机组正常连续稳定运行是生活垃圾焚烧发电厂持续获得发电量的保证，生活垃圾处理量应尽可能达到焚烧发电厂最大连续运行负荷，减少焚烧炉启停炉、故障等非正常工况。

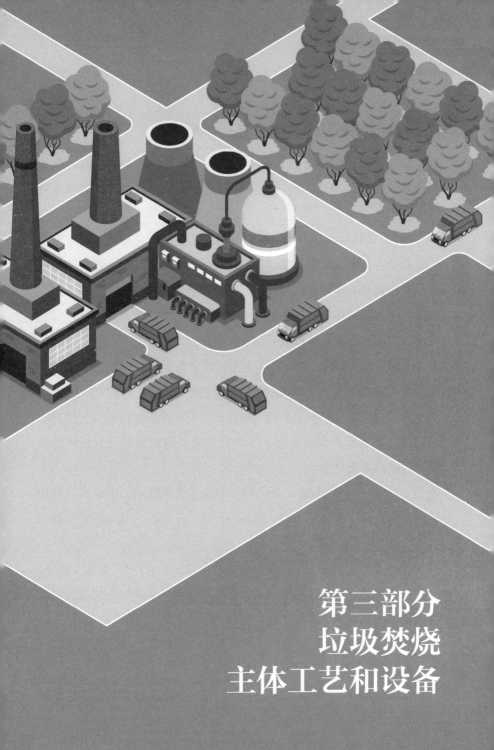

第三部分
垃圾焚烧
主体工艺和设备

28. 垃圾焚烧厂主体工艺包括哪些？

垃圾焚烧厂主体工艺主要由受料及供料系统、焚烧系统、余热利用系统、烟气净化系统、灰渣处理系统、仪表与自动化控制系统组成。

（1）受料及供料系统。受料及供料系统的主要功能为对垃圾进行接收、存贮和输送。垃圾车经过栈桥进入卸料大厅，将装载的垃圾倒入垃圾贮坑中贮存。垃圾一般需在贮坑中经过 3 ～ 7 天的堆酵，期间工作人员操作液压抓斗对垃圾进行翻搅，加速堆酵进程。堆酵完成后，液压抓斗将垃圾投放到焚烧炉进料口。

（2）焚烧系统。焚烧系统主要由焚烧炉及相应的进料、排渣、供风等子系统组成。垃圾通过进料系统进入焚烧炉内燃烧，产生的烟气进入后续的余热利用系统，燃烧残余的灰渣通过排渣系统排出。目前国内生活垃圾焚烧发电厂主要使用的焚烧炉类型为机械炉排焚烧炉和流化床焚烧炉。

（3）余热利用系统。余热利用系统（余热锅炉）的主要功能为利用焚烧过程中释放的热量，通过换热管产生蒸汽，推动汽轮机做功发电。

（4）烟气净化系统。常规的烟气净化系统包含脱酸、脱硝、除尘、去除重金属和二噁英等特征污染物等基本单元。各单元间协同控制，以提高多污染物联合脱除、协同减排的能力。

（5）灰渣处理系统。灰渣处理系统包括焚烧炉渣处理和焚烧飞灰处理两部分。

（6）仪表与自动化控制系统。仪表与自动化控制系统对垃圾燃烧、烟气净化工况和各项参数进行调控和监测，以保证焚烧效果，并降低大气污染物的排放浓度。

29. 垃圾的接收、贮存和输送等主要涉及哪些设备？其作用分别是什么？

负责垃圾接收、贮存和输送等的设备包括受料系统和供料系统。

（1）受料系统的作用是进行垃圾的接收、贮存、分选和破碎（针对流化床焚烧炉），具体包括垃圾运输、计量、登记、进场、卸料、破碎、筛分等。相关设备和构筑物主要包括车辆、地衡、控制间、垃圾贮坑、吊车、抓斗、破碎和分选设备等。

（2）供料系统的作用是向焚烧炉定量送料，并将贮坑中的垃圾与焚烧炉的高温火焰和烟气隔开、密封。常见的进料方式有炉排进料、螺旋给料、推料器给料等。

30. 机械炉排焚烧炉的结构特点是什么？

机械炉排焚烧炉的基本特点为将垃圾铺在炉排上进行燃烧。炉排可分为多段，各段的传送速度和底部送风可分别控制，一般分为干燥段、燃烧段、燃烬段3段。机械炉排焚烧炉又可分为往复式炉排炉、滚动炉排炉、链条式炉排炉等。

（1）往复式炉排炉。往复式炉排炉由一排固定炉排和一排可动炉排交替安装构成，分为倾斜往复式炉排炉和水平往复式炉排炉。根据炉排运动方向，倾斜往复式炉排炉可分为顺推式和逆推式两类。顺推式往复炉排炉的炉排运动方向与垃圾运动方向一致，设计为分段阶梯式，炉排倾角为7°～15°且各段配有独立的运动控制调节系统。逆推式往复炉排炉的炉排运动方向与垃圾运动方向相反，倾角较大，有的设备炉排倾角在20°以上。由于倾斜和逆推的作用，底层垃圾上行，上层垃圾下行，不断地翻转和搅动。水平往复式炉排炉的炉排呈水平布置，采用逆推的方式克服垃圾水平移动时驱动力不足的问题。

（2）滚动炉排炉。与往复式炉排炉使用的炉排片不同，滚动炉排炉的炉排由一组滚筒构成，整个炉排面向下倾斜。滚筒在电机驱动作用下做旋转运动，垃圾在滚筒上的运动方式为波浪式。

（3）链条式炉排炉。炉排由金属链条传送带构成，链条带动垃圾料层一起移动。

31. 流化床焚烧炉的结构特点是什么？

流化床焚烧炉的主体设备是一个圆形塔体，下部设有分配气体的布风板，板上装有载热的惰性颗粒，一次风经由风帽通过布风板进入流化层，二次风在流化层上部送入。垃圾入炉前需经过分选和破碎等预处理，入炉后在炉内流体（焚烧炉内为气体）的作用下形成流态化的床层。在气流的作用下，燃料充满整个炉膛并剧烈掺混，同时大量固体颗粒随烟气被携带出炉膛，在返料器内被分离后再次送回炉膛中继续参与燃烧。

32. 焚烧炉如何进行日常运行维护？

机械炉排焚烧炉和流化床焚烧炉的日常运行维护应注意以下事项：

（1）机械炉排焚烧炉

①焚烧炉启动前，必须经检查和试验合格后，方能投入运行。

②焚烧炉运行时，机械负荷和热负荷应控制在设计范围内，保证有较稳定的给料和料层厚度。炉膛保持负压状态，炉膛主控温度大于850℃，炉膛内烟气停留时间不低于2 s。应根据垃圾特性、焚烧工况等调整一、二次风温度、风压、风量配比，保证垃圾的燃烧效果，控制CO等烟气污染物的排放。

③做好各设施、设备的日常巡检工作，及时维修、更换故障设备。

（2）流化床焚烧炉

①流化床焚烧炉启动前，必须经检查和试验合格后，方能投入运行。

②流化床焚烧炉运行过程中，应监控入料的通畅性，保证进料相对稳定、床层流化良好。保证炉膛温度在850℃以上，炉膛内烟气停留时间不低于2 s。根据垃圾特性、焚烧工况等及时调整一、二次风参数，给煤量，排渣量，返料器床温等。运行过程中，炉膛上部区

域与出口之间应根据不同负荷保持合理的压差。应防止流化床床层内结焦，结焦时应及时处理。

③做好日常巡检、维护保养等工作，周期性对各项设备进行检查或维修更换。

33. 什么是余热锅炉？余热锅炉有什么作用？

余热锅炉是垃圾焚烧设备的重要组成部分，是对焚烧过程释放的能量进行有效转换的热力设备，其功能为：吸收炉内燃料燃烧产生的热量，通过换热管换热产生蒸汽，推动汽轮机做功发电。

垃圾焚烧产生的烟气在流动过程中，以不同的换热方式将热量传递给余热锅炉中的受热面。在炉膛中主要以辐射换热的方式将热量传递至水冷壁，循环水吸热蒸发，产生的饱和蒸汽输送至汽包，再由汽包向过热器输送。烟气从炉膛上方出口进入余热锅炉后，依次经过高温、中温、低温过热器和省煤器后离开余热锅炉。过热器管道内的饱和蒸汽吸收热量后进一步形成过热蒸汽，输送至汽轮机推动其做功发电。

34. 余热锅炉具体由哪些部分组成？

垃圾焚烧厂所使用的余热锅炉一般主要由蒸发设备、过热器、省煤器和空气预热器组成。

（1）蒸发设备。主要包括汽包、下降管、水冷壁、联箱及连接管道，其作用是吸收炉内热量，将水转变为过热蒸汽。

省煤器来水进入汽包，通过下降管将汽包中的水引入联箱再分配到各水冷壁管中；水冷壁接受炉内高温火焰的辐射热量，使水受热形成汽水混合物，一部分水成为饱和蒸汽并上升到汽包，汽包再将饱和蒸汽输送到过热器。

（2）过热器。过热器为一系列蛇形受热面管束，其作用为将饱和蒸汽加热成具有一定温度的过热蒸汽。过热器通常分为辐射式和对流式，垃圾焚烧厂通常采用对流式过热器，布设在蒸发设备之后，分成高温过热器、中温过热器、低温过热器三级，按顺序布置于烟道内，烟气温度逐级降低。

（3）省煤器。位于余热锅炉尾部烟道中，通常由带鳍片的管道组装而成，利用排烟余热加热给水，以节省燃料。

（4）空气预热器。位于余热锅炉烟气流程的最末端，利用锅炉尾部的烟气热量加热燃烧所需的空气。

35.什么是余热锅炉爆管？

爆管即余热锅炉中设备的管道发生破裂或泄漏，导致蒸汽流从爆破口喷出，汽包内水位下降，换热效率降低，蒸汽品质下降；严重时，高温高压的蒸汽流甚至可能伤及操作人员。爆管现象会对锅炉的运行工况产生一系列负面影响。引起爆管的原因主要在于受热面管道承压后强度下降，而强度下降又主要涉及以下因素：

（1）机械原因。一方面，有的余热锅炉材料质量不过关、结构设计不合理、装配不到位，造成运行时管束间应力不平衡、应力对管道薄弱处造成损害等现象。同时，积灰或结渣使受热面不均匀、循环水流动不均匀，引起较大的内应力作用，或多次启、停炉的温差变化使管道材料反复热胀冷缩，都可能会导致金属产生机械性疲劳，造成爆管。另一方面，对受热面进行机械振打清灰的锅炉，管子和焊口焊缝的强度将受到一定的影响；使用激波清灰的锅炉，靠近吹灰管附近的管壁不断受到吹蚀，管壁变薄进而破损。

（2）水循环原因。一是循环倍率不够，循环水不足以及时带走管壁吸收的热量，造成管道温度升高，对管道形成破坏。二是循环太快，汽包内的汽和水尚未来得及分离就加入循环，管道中蒸汽含量较高，蒸汽与管道材料中的铁发生反应生成氢，氢进一步和材料中的碳反应生成甲烷，造成氢蚀裂纹而爆管。三是锅炉循环水中的杂质和化合物会沉积形成水垢，阻碍循环水对管壁的冷却作用，管道温度升高，长此以往管道强度下降，导致爆管。

（3）焚烧烟气原因。一是烟气温度过高，受热面在高温和应力的双重作用下强度降低，蠕变速度加快，造成爆管。二是烟气中的污染物对管壁的腐蚀或冲刷导致管壁变薄、强度下降。

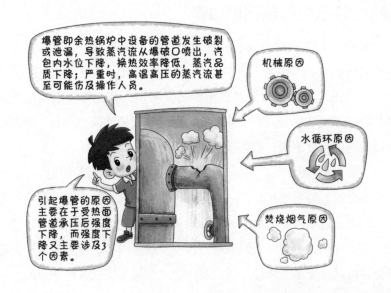

36. 余热锅炉会产生污染物吗？

　　垃圾焚烧炉产生的烟气常规污染物主要有一氧化碳、二氧化硫、氯化氢、氮氧化物和烟尘等，这些污染物主要在垃圾焚烧过程中产生。余热锅炉的主要工作流程为吸收烟气热量用于产生蒸汽，该过程基本不会使烟气常规污染物增加。但是，烟气通过余热锅炉和省煤器时，由于其温度处于二噁英类低温异相催化反应的最佳温度区 $250 \sim 400℃$，二噁英类的前驱物（氯苯、氯酚等）可能会在设备中固体飞灰表面发生催化氯化反应并合成二噁英；此外，飞灰中的残碳也可能经气化、解构或重组等方式，与氢、氧、氯等其他原子结合，逐步形成二噁英。

37. 余热锅炉如何维护？

　　余热锅炉运行过程中，操作人员应对其进行适当的维护和保养，保证其正常、稳定地工作，并有效预防爆管等安全事故。余热锅炉的维护工作可分为运行过程中的维护和锅炉停机时的保养。

　　余热锅炉运行期间，主要从以下几个方面考虑：

　　（1）日常检查。对余热锅炉设备进行日常巡检和维修，检查各个环节是否存在损坏、腐蚀等问题。检查余热锅炉的三大附件压力表、水位表和安全阀是否正常运行。

　　（2）周期保养。周期性地对绝热层和内衬层进行检测或更换，保证绝热层和内衬层的工作性能。

　　（3）故障维修。充分关注余热锅炉风机、法兰等部件的运行情况。风机内部产生异常振动时，需停止锅炉的运行并检查相关设备，对故障部件进行维修更换。检查法兰连接处的密闭性，避免发生漏风或破损。

余热锅炉停机期间，需要对其进行一系列的防腐蚀保养操作。锅炉的内壁应保持干燥，对锅炉的受热面及排烟管道进行清灰，在保养过程中可使用干风循环进行防护。如果锅炉长期停运，可通氮气进行干燥放气来养护，同时对管道的密封性和锅炉内部压力进行检测。

38.汽轮发电系统的作用是什么，如何运转？

汽轮发电系统是在过热蒸汽的驱动下进行发电的设备组合。余热锅炉产生的过热蒸汽汇集到主蒸汽母管后，进入汽轮发电机驱动发电。汽轮发电机是由汽轮机驱动的发电机，由锅炉产生的过热蒸汽由主汽门进入汽轮机内膨胀做功，使叶片转动而带动发电机发电。垃圾焚烧厂采用的汽轮发电机一般为卧式结构。排气进入凝汽器冷凝为凝结水，由凝结水泵将凝结水加压进入中压热力除氧器。除氧后的热水由锅炉给水泵送余热锅炉循环运行。

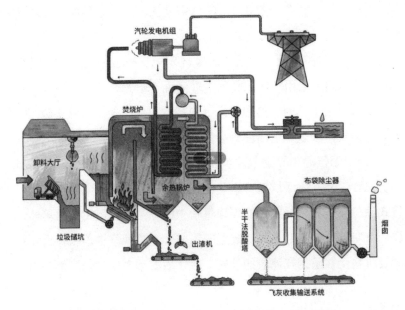

汽轮发电系统、烟气净化系统、灰渣系统工作流程图

39. 烟气净化系统主要包含哪些设备，其作用分别是什么？

烟气净化系统主要包括脱硝、脱酸、二噁英等特征污染物去除、除尘等多级净化设备。

（1）烟气脱硝。脱硝单元用于去除烟气中的 NO_x。脱硝技术可分为选择性催化还原法（SCR）和选择性非催化还原法（SNCR）。SCR 需要设置专门的脱硝单元，一般位于烟气净化系统末端。SNCR 使用喷枪将脱硝用的氨水或尿素剂喷入炉膛中的高温区域与 NO_x 反应。

（2）烟气脱酸。用于去除烟气中 SO_2、HCl 等酸性气体。按照脱酸吸收剂含水率的不同，典型的烟气脱酸工艺分为干法、半干法、湿法3种。3种脱酸工艺中，干法效率最低，成本也最低，湿法效率最高，但设备复杂，成本也最高。

（3）二噁英去除。生活垃圾焚烧发电厂一般使用活性炭吸附二噁英，国内主要采用气流床吸附（即活性炭喷射）工艺，国外也有采用固定床吸附工艺的，但固定床吸附成本偏高。使用活性炭吸附二噁英等污染物，必须保证活性炭品质合格、用量充足。

（4）烟气除尘。烟气除尘主要有袋式除尘、电除尘、电袋复合除尘三种工艺。生活垃圾焚烧发电厂大多采用袋式除尘器进行除尘。袋式除尘器是利用纤维性滤袋捕集粉尘的除尘设备，主要由箱体、滤袋、清灰装置、灰斗及除灰装置等组成。含尘烟气进入箱体后，经过滤袋时粉尘被阻挡在滤袋的外侧，净化后的烟气经滤袋内侧排出。

40. 灰渣系统由什么组成？

灰渣系统分为焚烧炉渣处理和焚烧飞灰处理两部分。

（1）焚烧炉渣处理。焚烧炉渣是指从焚烧炉炉床直接排出的燃烧残渣。焚烧炉渣主要成分是无机物，一般被视作普通工业固体废物，可直接卫生填埋，亦可用于制作免烧砖等建筑材料，《生活垃圾焚烧污染控制标准》（GB 18485—2014）要求焚烧炉渣热酌减率不得大于5%。

（2）焚烧飞灰处理。焚烧飞灰包括烟道、烟囱底部底灰以及烟气净化系统排出的飞灰。焚烧飞灰中二噁英、重金属含量较高，属于危险废物。焚烧飞灰主要通过加入螯合剂进行稳定化，再送至填埋场专区填埋，也有部分焚烧厂选择将飞灰通过水泥窑、熔融等其他方式处理。

41. 什么是分散控制系统，有什么作用？

分散控制系统（DCS）是利用计算机技术对生产过程进行显示、操作、管理和控制的系统，其中显示、操作和管理功能集中，控制功能分散。利用该系统，可对焚烧生产线全流程进行监视、操作、管理和分散控制。DCS 主要由控制站、操作站、网络、软件系统等构成。

（1）控制站。控制站包括现场控制站和数据采集站等，主要负责对数据进行采集处理，对被控制对象实行闭环反馈控制、顺序控制和批量控制。

（2）操作站。操作站分为工程师站和操作员站两种，垃圾焚烧厂中这两者一般相邻布设，该场所通常称为中央控制室。工程师站是技术人员与控制系统的人机接口，主要作用是对系统的功能、参数、界面等进行定义。操作员站主要完成人机界面的功能，使操作员可以及时了解现场运行的状态、参数、异常情况等，并可通过输出设备对工艺过程进行控制和调节。

（3）网络。网络主要为系统网络、现场总线网络、高层管理网络等。系统网络实现各个站之间数据的有效传输，多采用以太网；现场总线网络负责实现现场 I/O 和现场总线仪表与现场控制站主处理器的连接；高层管理网络传送的主要是管理和生产调度指挥信息。

（4）软件系统。按照硬件的划分，软件可基本划分为：现场控制站软件，最主要的功能是完成对现场的直接控制；操作员站软件，主要功能是进行人机界面的处理，包括显示画面、解释与执行命令、监视现场数据和状态、异常报警、存储历史数据和处理报表等；工程师站软件，最主要的部分为组态软件。

分散控制系统电脑界面

42. 常被误认为"排白烟"的冷却塔，到底是什么？

冷却塔常被居民误认为是烟囱，因为远远看去像是冒着"白烟"。其实它不是烟囱，冒着的也不是"白烟"，而是"白雾"。冷却塔有高有低，像一个中间细、两头粗的沙漏，其原理是利用热的冷却水与空气流动接触时冷热交换进行散热。冷却塔底部粗，有利于空气进入塔内；腰部细，使进入塔内的空气流速加快，与冷却水充分地进行热交换，尽可能带走水中的热量；冷却塔顶部再次变粗，使热交换后的湿热空气减速，有利于与周边的低温空气接触，湿热空气携带的水蒸气遇冷凝结成为白色水雾飘向空中，看起来就像是冷却塔在排放"白烟"。

冷却塔

第四部分
垃圾焚烧烟气
污染物控制技术

43. 垃圾焚烧烟气中的主要污染物是什么？

垃圾焚烧烟气中的污染物主要有 5 种：酸性气态污染物、不完全燃烧产物、颗粒物、重金属污染物和二噁英类，一般以气态和固态形式存在。其中，酸性气体主要由 SO_2、NO_x、HCl、HF 等组成，会导致酸雨的形成，NO_x 在一定条件下还能产生光化学烟雾污染。不完全燃烧产物主要是 CO，具有一定毒性。颗粒物可能引起或加重呼吸系统疾病。重金属污染物包括汞、镉、锑、砷、铅、铬、钴、铜、锰、镍等，不同的重金属毒性不一样，其中以汞、镉、铅、砷和铬毒性最大，比较重大的重金属环境污染事件包括有机汞引起的水俣病、镉污染造成的"痛痛病"和儿童血铅超标等。二噁英类是一种持久性污染物，在环境中较难降解。

44. 二噁英是什么，有什么危害？

广义上说，二噁英一般指具有相似结构和理化特性的一类多氯取代的平面芳烃类化合物，主要由多氯代二苯并 - 对 - 二噁英（PCDDs）和多氯代二苯并呋喃（PCDFs）组成，共 210 种化合物。从狭义上讲，二噁英仅指这 210 种化合物中的 17 种化合物，这 17 种化合物其 2，3，7，8 位全部被氯原子取代，具有毒性，对人类健康有较大危害。垃圾焚烧厂所说的二噁英特指狭义上的二噁英。

二噁英是一类亲脂性毒性物质，已被列入《关于持久性有机污染物的斯德哥尔摩公约》的首批控制名单。二噁英具有热稳定及化学稳定性，在环境中难以降解，并可通过呼吸道、饮食、皮肤接触等多种途径进入生物体内。动物毒理学实验表明，二噁英具有皮肤毒性、肝脏毒性、神经毒性、生殖毒性，并具有致癌、致畸、致突变的"三致"效应。流行病学研究表明，二噁英可对人体皮肤、免疫、生殖和发育、心血管及内分泌等多方面造成健康危害。例如，短期高剂量二噁英暴露会造成痤疮等皮肤损害，长期低剂量暴露也会造成皮肤过敏等；孕期二噁英暴露会造成胎儿发育异常，包括体重异常、脑发育迟缓等。

2,3,7,8-T$_4$CDD

2,3,7,8-T$_4$CDF

45. 烟气中主要污染物的排放限值是多少？

垃圾焚烧烟气中污染物的排放限值主要执行《生活垃圾焚烧污染控制标准》（GB 18485—2014）中的相关规定，有地方标准的可执行地方标准中有关污染物排放的限值要求。污染物排放限值有 1 h 均值限值、24 h 均值限值和测定均值 3 种。

《生活垃圾焚烧污染控制标准》（GB 18485—2014）
生活垃圾焚烧炉排放烟气中污染物限值

序号	控制项目	限值	取值时间
1	颗粒物 / （mg/m³）	30	1 h 均值
		20	24 h 均值
2	氮氧化物（NO_x）/ （mg/m³）	300	1 h 均值
		250	24 h 均值
3	二氧化硫（SO_2）/ （mg/m³）	100	1 h 均值
		80	24 h 均值
4	氯化氢（HCl）/ （mg/m³）	60	1 h 均值
		50	24 h 均值
5	汞及其化合物（以 Hg 计）/ （mg/m³）	0.05	测定均值
6	镉、铊及其化合物（以 Cd+Tl 计）/ （mg/m³）	0.1	测定均值
7	锑、砷、铅、铬、钴、铜、锰、镍及其化合物（以 Sb+As+Pb+Cr+Co+Cu+Mn+Ni 计）/ （mg/m³）	1.0	测定均值
8	二噁英类 / （ngTEQ/m³）	0.1	测定均值
9	一氧化碳（CO）/ （mg/m³）	100	1 h 均值
		80	24 h 均值

46. 正常排放的烟气是什么颜色？

　　垃圾焚烧厂烟气排放前必须经过烟气净化，达标排放的烟气一般是无色的。人们之所以看到烟气"发白"，是因为排放的烟气含有水蒸气（相对湿度约20%），烟气排出烟囱后，烟气中的水蒸气遇冷形成白雾，使得烟气看起来发白。有些垃圾焚烧厂为了避免烟气"发白"造成周边居民误解，会采取烟气"脱白"措施，以去除烟气中的水蒸气，但会增加运行成本。

　　有时，人们也会发现烟气"发黑""发黄""发蓝"。这可能是气象条件造成的视觉误差，也可能由垃圾焚烧厂工况异常分别排放颗粒物、氮氧化物、二氧化硫超标的烟气所致，需要对垃圾焚烧厂的烟气排放情况进行全面了解后，才能得到较客观的结论。

47. 垃圾焚烧厂烟囱的高度有什么要求？

　　根据《生活垃圾焚烧污染控制标准》（GB 18485—2014）中的相关规定，垃圾焚烧厂烟囱允许的最低高度与焚烧处理能力有关：当每日焚烧规模低于 300 t 时，烟囱最低高度为 45 m；当每日焚烧规模大于或等于 300 t 时，烟囱最低高度为 60 m。此外，如果在烟囱周围 200 m 半径内存在建筑物，则烟囱高度应高出这一区域内最高建筑物 3 m 以上。

48. 如何控制烟气中 CO 排放？

CO 主要来源于垃圾中可燃分的不充分燃烧，所以控制 CO 的关键在于稳定垃圾燃烧的工况，这也是焚烧过程中要遵循"3T+E"原则的原因。要保证焚烧工况稳定，首先是垃圾进料要保证均匀稳定，容易在进料口发生爆燃现象的流化床焚烧炉尤其要注意；其次是要有合理的一次风、二次风供给，原则是要保证垃圾和空气充分接触，保持足够的湍流度和足够的氧气供应，以使垃圾得到充分的燃烧。另外，应加强对焚烧设施的维护和管理，减少故障的发生。

49. 如何控制烟气中酸性气体排放？

酸性气体主要是通过投加碱性的熟石灰（CaO）、石灰浆 $[Ca(OH)_2]$、NaOH 溶液等与酸性气体发生中和反应来去除。根据投加的脱酸药剂状态，一般可分为半干法脱酸、干法脱酸和湿法脱酸，其中以半干法脱酸应用最为广泛。半干法脱酸是将石灰浆打入脱酸塔，通过高速旋转的雾化器产生的石灰浆喷雾与烟气充分接触反应，石灰浆液中水分被蒸发，产物和反应残留物落到灰斗排出。干法脱酸一般是在烟气管道内或吸收塔内喷入熟石灰干粉与烟气反应，湿法脱酸多采用 NaOH 碱液，对酸性气体去除效率可达 95% 以上。

50. 如何控制烟气中 NO_x 排放？

垃圾焚烧烟气中 NO_x 以 NO 和 NO_2 为主，NO 占了 90% 左右。除了在源头通过控制燃烧工况来抑制 NO_x 产生外，NO_x 的去除主要有两种方法：SNCR 和 SCR。目前大部分垃圾焚烧厂采用 SNCR 法，少部分垃圾焚烧厂同时采用 SNCR 法和 SCR 法。

SNCR 法是以氨水或尿素作为还原剂，在 850 ～ 1 000℃的高温下，氨水或尿素产生的氨气（NH_3）与烟气中 NO_x 发生反应，最终将 NO_x 还原为 N_2 的过程。SNCR 法脱硝对温度要求高，且脱硝效率较低，一般为 30% ～ 50%。

SCR 法也是以氨水或尿素作为还原剂，在 V_2O_5/TiO_2 等催化剂的存在下，氧化还原反应温度可降至 300 ～ 450℃。虽然 SCR 法对温度要求较低，且脱硝效率可达 80% ～ 90%，但是该方法设备和运维成本较高。

51. 如何控制烟气中重金属排放？

烟气中的重金属多以金属氧化物和金属盐类的形态存在，在焚烧过程中难以降解。大部分的垃圾焚烧厂采用"半干法脱酸＋活性炭喷射＋布袋除尘器"工艺去除烟气中的重金属，虽然半干法脱酸喷淋的石灰浆对重金属有一定的吸附作用，但主要还是依赖于活性炭喷射吸附烟气中的重金属，然后再通过布袋除尘器进行收集，重金属最终和二噁英一起进入飞灰中。

52. 如何控制烟气中二噁英排放？

二噁英需从垃圾焚烧和烟气净化全流程进行控制，主要包括以下三个方面：

（1）焚烧过程中严格遵循"3T+E"原则，即保持烟气在炉膛内850℃以上温度区间停留 2 s 以上以分解炉膛内的二噁英、燃烧过程中保持适当的湍流、控制过剩空气抑制炉膛内二噁英的生成。

（2）加强余热锅炉清灰，减少余热锅炉壁灰中二噁英的残留和二次生成。

（3）在尾部烟气净化中采用喷射活性炭的方式吸附烟气中的二噁英，然后再通过布袋除尘器进行收集，二噁英最终进入飞灰中。

第五部分
垃圾焚烧恶臭、废水
和固体废物处理

53. 什么是恶臭，恶臭的主要产生环节有哪些？

恶臭是各种异味的总称，也可将凡是能损害人类生活环境、产生令人难以忍受的气味或使人产生不愉快感觉的气体通称为恶臭。恶臭气体主要包括散发出腐败臭鱼味的胺类、刺鼻的氨类和醛类、发出臭鸡蛋味的硫化氢等。

垃圾焚烧厂的恶臭主要来源于进场的垃圾，垃圾运输车卸料过程和垃圾堆放在垃圾贮坑发酵过程中的恶臭最明显。此外，运输过程中垃圾渗滤液跑冒滴漏、垃圾贮坑密闭性较差或污水处理设施臭气外泄时，也会在垃圾焚烧厂的外环境中产生恶臭。

54. 恶臭对人体健康有影响吗？

恶臭对人体健康的影响不仅取决于其种类和性质，也取决于其浓度。浓度较低的恶臭气体一般对人体影响不大，但浓度较高的恶臭气体会对人体各方面都产生危害，最直接的就是让人产生恶心、呕吐等生理反应，同时对人的精神产生刺激，让人烦躁不安、不愉快；此外，还可能对人的呼吸系统、血液循环系统、内分泌系统、消化系统、神经系统等造成不同程度的损害。

值得注意的是，突发性高浓度恶臭可能会直接把人熏倒。长时间接触低浓度恶臭会使人体神经系统对恶臭产生"适应"，会引起嗅觉脱失、嗅觉疲劳等障碍。"久闻而不知其臭"，嗅觉丧失了第一道防御功能后，脑神经仍不断受到刺激和损伤，最后导致大脑皮层兴奋和抑制的调节功能失调，以致神经系统受损。

55. 如何评价臭的程度，什么是嗅辨师？

臭的程度是人的嗅觉对气味强弱程度的一种描述。臭气强度法是根据恶臭气味的强度将臭味分成若干等级，然后由具有专业资格证的嗅辨师闻嗅后进行分级。目前臭味程度按 6 级划分，具体包括 0 级（无臭）、1 级（稍稍能够感知的气味）、2 级（能够知道是何气味的微弱气味）、3 级（能够轻松感知的气味）、4 级（较强的气味）和 5 级（强烈的气味）。

嗅辨师，也称嗅辨员，在国外被称为"闻臭师"。嗅辨师主要是用鼻子对各类臭味甚至异常的香味等进行辨别，划定异味级别，确认其是否在规定的臭气浓度排放标准内。嗅辨师的判定具有法律效力，如果其确认臭气浓度超标，有关部门将依法责令治理。嗅辨师的年龄一般为 18～45 岁，不吸烟、无嗅觉器官疾病，且需要持证上岗。

56. 如何控制垃圾焚烧厂恶臭？

恶臭控制需对恶臭来源进行管控，主要是通过减少垃圾运输途中渗滤液洒漏、保证垃圾贮坑密闭性和对垃圾车定时冲洗保洁。具体措施可参考以下几点：

（1）增强垃圾车的密封性，设置垃圾车专用通道，减少垃圾车运输途中因启动、停止、转弯等引起的渗滤液洒漏。

（2）垃圾车出厂前，应进行冲洗保洁，减少对运输沿途的污染。

（3）垃圾卸料大厅应具有良好的密封设计（如设置风幕、空气帘等），日常保持负压，地面有经常性的冲洗保洁措施。

（4）垃圾贮坑日常保持负压，并设有单独的应急除臭系统，在焚烧炉停炉检修期间启用。

（5）垃圾渗滤液处理设施应具有良好的密封设计，避免恶臭气体逸散等。

57. 恶臭有哪些监测方法？

臭气浓度可以通过"三点比较式臭袋法"由嗅辨师进行测定，具体的恶臭污染物也可通过气相色谱法或分光光度法测定。

用"三点比较式臭袋法"测定时，先将 3 只 3 L 的无臭袋中的两只充入无臭空气，另一只则充入按一定比例稀释的无臭空气和被测恶臭气体样品供嗅辨师嗅辨，当嗅辨师正确识别有臭的气袋后，再逐级进行稀释、嗅辨，至稀释样品的臭气浓度低于嗅辨师的嗅觉阈值时完成实验。每个样品由 4～6 名嗅辨师同时测定，最后根据嗅辨师的个人嗅阈值和小组平均阈值，求得臭气浓度。

近年来，恶臭污染物及臭气浓度的便携式监测设备和在线监测设备相继出现。其监测原理是利用多传感器响应值与臭气浓度之间的相关关系，事先构造好响应曲线，以模拟嗅辨师的嗅辨过程；实际检测时，通过多个传感器检测出恶臭污染物指标，再通过响应曲线换算成臭气浓度指标。

恶臭污染物及臭气浓度的
便携式监测设备

恶臭污染物在线监测设备

58. 什么是垃圾渗滤液？

对于垃圾焚烧厂来说，垃圾渗滤液主要指垃圾贮坑中的原生垃圾在堆酵过程中产生的废水。这种废水是一种高浓度有机废水，化学需氧量（COD）质量浓度一般在 40 000 ～ 80 000 mg/L，带有明显的恶臭。垃圾渗滤液需要通过处置，达标后方可排放。

59. 垃圾渗滤液产量一般为多少？主要受什么因素影响？

一般来说，垃圾在贮坑堆酵 3 ～ 5 d 产生的垃圾渗滤液量占进场垃圾量的 10% ～ 30%。垃圾焚烧厂产生的垃圾渗滤液量主要与垃圾含水率和堆酵情况相关。而垃圾含水率与当地降水量、居民生活习惯等相关。例如，对于降水量较大的南方地区，垃圾含水率较高，堆酵时产生的垃圾渗滤液也多；对于降水量较少的西北地区，垃圾含水率低，堆酵时产生的垃圾渗滤液也少。在夏季，除雨水的影响外，生活垃圾中瓜果残渣含量增加，垃圾含水率相应升高，进而导致堆酵时产生的渗滤液量增加。

60. 垃圾渗滤液如何处理？

渗滤液成分复杂、浓度变化大，属于高浓度有机废水。在实际运行中，垃圾焚烧厂往往根据自身所要达到的排放标准选择多种水处理工艺对渗滤液进行组合处理，以达到去除渗滤液中污染物的目的。

当前我国焚烧厂常用的垃圾渗滤液处理工艺主要包括预处理、生物处理和深度处理。

（1）预处理

预处理主要是通过格栅、筛网等去除渗滤液中较大的漂浮物，并经预沉调节池去除悬浮物、均衡水量水质。

（2）生物处理

生物处理是指通过微生物来分解污水中的污染物，将污染物分解为无机物等，或将其转化为微生物细胞。生物处理法包括厌氧生物法、好氧生物法以及厌氧好氧组合技术。

厌氧生物法是在没有氧气和硝态氮参与反应的情况下，利用厌氧微生物的水解酸化、产甲烷作用，将废水中难降解的大分子有机物分解为甲烷、水、二氧化碳等，具有处理负荷高、产泥率低、能耗低、占地少的特点。常见的厌氧工艺有上流式厌氧污泥床（UASB）、厌氧生物滤池（AF）、厌氧折流板反应器（ABR）、厌氧序批式反应器（ASBR）等。

好氧生物法是指微生物在好氧条件下，以废水中的有机物作为原料进行新陈代谢将其转化为细胞物质，同时将污染物降解。好氧生物法具有工艺操作简单、反应速率快、臭气小等特点。常见的好氧工艺有活性污泥法、生物膜法、氧化沟等。

（3）深度处理

经过生物处理的渗滤液往往还不能达到相关排放标准，后续需继续进行深度处理。目前焚烧厂常用的深度处理工艺主要是膜分离技术，膜分离技术投资成本、运行费用均较高。

膜分离技术是指在具有选择性透过功能的薄膜两侧施加一种或多种推动力，使污水中某种组分选择性地优先透过膜，以达到混合物分离的目的。根据膜的分离范围，膜分离技术又分为反应渗透（RO）、微滤（MF）、超滤（UF）、电渗析（ED）等。

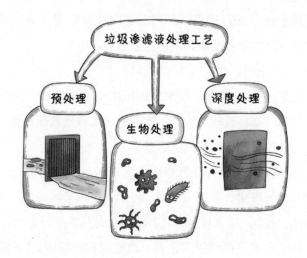

61. 垃圾渗滤液的排放标准具体是什么？

渗滤液排放标准主要参考垃圾填埋场的渗滤液排放标准。根据《生活垃圾焚烧污染控制标准》（GB 18485—2014）的规定，生活垃圾渗滤液应在生活垃圾焚烧厂内处理或送至生活垃圾填埋场渗滤液处理设施处理，处理后满足《生活垃圾填埋场污染控制标准》（GB 16889—2008）中的要求后（如厂址在需要采取特别保护措施的地区，执行特别排放限值）可直接排放。

现有和新建生活垃圾填埋场水污染物排放浓度限值

序号	控制污染物	排放浓度限值	特别排放浓度限值
1	色度（稀释倍数）	40	30
2	化学需氧量（COD_{Cr}）/（mg/L）	100	60
3	生化需氧量（BOD_5）/（mg/L）	30	20
4	悬浮物/（mg/L）	30	30
5	总氮/（mg/L）	40	20
6	氨氮/（mg/L）	25	8
7	总磷/（mg/L）	3	1.5
8	粪大肠菌群数/（个/L）	10 000	10 000
9	总汞/（mg/L）	0.001	0.001
10	总镉/（mg/L）	0.01	0.01
11	总铬/（mg/L）	0.1	0.1
12	六价铬/（mg/L）	0.05	0.05
13	总砷/（mg/L）	0.1	0.1
14	总铅/（mg/L）	0.1	0.1

62. 什么是飞灰，焚烧产生多少飞灰？

生活垃圾焚烧飞灰是指烟气净化系统捕集物和烟道及烟囱底部沉降的底灰，是指生活垃圾焚烧残余物，呈灰白色或深灰色的细小粉末状态。

　　焚烧飞灰的产生量与入炉原料的灰分、焚烧工艺有关。炉排焚烧炉的飞灰产生量较少，焚烧 1 t 生活垃圾约产生 30 kg 飞灰。循环流化床焚烧炉的燃烧物经破碎后粒径较小，在循环流化状态下燃烧更彻底，再加上掺烧煤，因而产生较多的飞灰；此外，常用的流化床焚烧炉余热锅炉一般不设置集灰设施，飞灰随烟气迁移至烟气净化系统而被捕集。因此，循环流化床焚烧炉飞灰产生量较多，焚烧 1 t 生活垃圾约产生 100 kg 飞灰。

63. 飞灰是危险废物吗？

　　飞灰含大量溶解盐，同时含有重金属和二噁英等污染物，早在 2008 年就被列入《国家危险废物名录》，属于危险废物，废物类别为

"HW18 焚烧处置残渣"。

64. 飞灰如何处理？

现阶段，处理飞灰的方式主要有两种：螯合固化后进入生活垃圾填埋场填埋、水泥窑协同处置。螯合固化指使用螯合剂对飞灰进行预处理，在满足《生活垃圾填埋场污染控制标准》（GB 16889—2008）的要求后，进入生活垃圾填埋场进行专区填埋。水泥窑协同处置指将满足或经过预处理后满足入窑要求的飞灰投入水泥窑，在进行水泥熟料生产的同时实现对飞灰的无害化处置。飞灰掺烧量一般为30%以下，处置过程须满足《水泥窑协同处置固体废物污染控制标准》（GB 30485—2013）、《水泥窑协同处置固体废物环境保护技术规范》（HJ 662—2013）的要求。还有一种方法是等离子熔融技术，目前应用极少。

65. 飞灰如何获得"豁免"？

自 2016 年起，《国家危险废物名录》中新增《危险废物豁免管理清单》，至《国家危险废物名录（2021 年版）》仍保留这一内容。豁免管理的目的在于减少危险废物管理过程中的总体环境风险，提高危险废物环境管理效率。垃圾焚烧飞灰经处理后满足《生活垃圾填埋场污染控制标准》（GB 16889—2008）的相关要求进入生活垃圾填埋场填埋的，可分别在"运输""处置"环节实行豁免管理；经处理后满足《水泥窑协同处置固体废物污染控制标准》（GB 30485—2013）和《水泥窑协同处置固体废物环境保护技术规范》（HJ 662—2013）相关要求进入水泥窑协同处置的，可在"处置"环节实行豁免管理。豁免"运输"环节是指运输工具可不采用危险货物运输工具，豁免"处置"环节是指处置企业不需要持有危险废物经营许可。在豁免环节以外的其他环节，飞灰仍应按照危险废物进行管理。

66. 什么是炉渣？炉渣是危险废物吗？

炉渣主要为生活垃圾焚烧后的残余物，主要成分为氧化锰、二氧化硅、氧化钙、三氧化二铝、三氧化二铁和废金属等。其产生量视垃圾成分而定，可达垃圾质量的 20%～30%。炉渣主要由熔渣、黑色及有色金属、玻璃、其他一些不可燃物质及未燃有机物组成。相比飞灰，垃圾焚烧炉渣对环境的危害要小得多。垃圾焚烧产生的炉渣不属于危险废物。

67. 炉渣如何处理?

垃圾焚烧产生的炉渣经过磁选等分离出废铁等废旧金属后,可进行综合利用,如制作免烧砖,或用作道路垫层、填埋场中间覆盖材料等,不能综合利用的部分可送至卫生填埋场填埋。

68. 什么是焚烧炉渣热灼减率，有什么作用？

热灼减率是指焚烧炉渣经灼烧减少的质量占原焚烧炉渣质量的百分数。其计算方法如下：

$$P = (A - B)/A \times 100\%$$

式中，P——热灼减率，%；

A——焚烧炉渣经 110℃ 干燥 2 h 后冷却至室温的质量，g；

B——焚烧炉渣经 600℃（±25℃）灼烧 3 h 后冷却至室温的质量，g。

热灼减率是根据焚烧炉渣中有机可燃物（即未燃烬的固定碳）的量来评价焚烧效果的指标，代表的是垃圾焚烧效果。热灼减率越低表示垃圾焚烧越完全、焚烧效果越好。

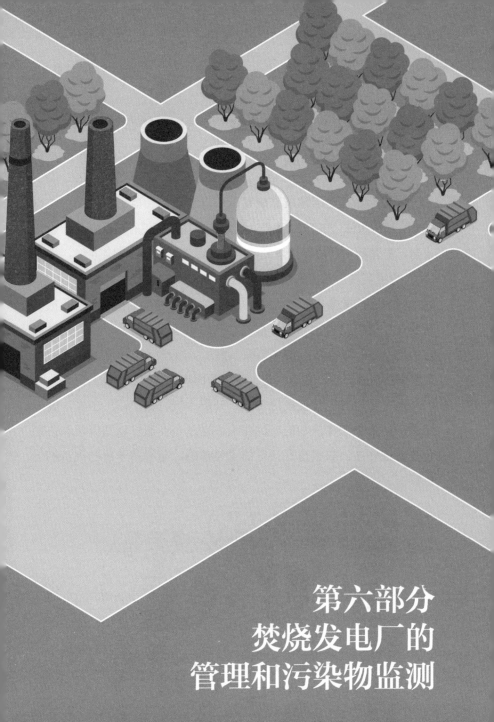

第六部分
焚烧发电厂的
管理和污染物监测

69. 什么是"装、树、联"？垃圾焚烧厂为什么要"装、树、联"？

《关于加强生活垃圾焚烧发电厂自动监控和监管执法工作的通知》（环办执法〔2019〕64号）规定：各地应督促行政区域内新建、改建、扩建的生活垃圾焚烧发电项目，在开展环境影响评价时，按照《生活垃圾焚烧污染控制标准》（GB 18485—2014）将"装、树、联"列入环境保护措施。所谓"装"是指依法安装自动监控设备，"树"是要在厂区门口树立一个公众能看到的电子显示屏，"联"是要将自动监控数据与各级生态环境部门联网。垃圾焚烧厂在建成投运前，须取得排污许可证；在建成投运时，须同步完成"装、树、联"。

生态环境部门督促垃圾焚烧厂开展"装、树、联"工作，既是生态环境保护法律法规的明确要求，也是企业通过精细管理和信息公开自证守法、获得群众认可的重要基础，是缓解矛盾的润滑剂、化解剂。

65 ■⋯⋯⋯⋯⋯⋯⋯ 焚烧发电厂的管理和污染物监测 第六部分

70. 垃圾焚烧烟气要监测什么污染物指标，如何监测？

根据《生活垃圾焚烧污染控制标准》（GB 18485—2014）要求：生活垃圾焚烧炉排放烟气中污染物浓度执行该标准表 4 规定的限值。因此，烟气监测应包括以下指标：颗粒物、氮氧化物、二氧化硫、氯化氢、一氧化碳、二噁英类及重金属类污染物（包含汞及其化合物，镉、铊及其化合物，锑、砷、铅、铬、钴、铜、锰、镍及其化合物）。各级生态环境部门在对焚烧厂开展监督性监测时，须对以上污染物开展监测；焚烧厂开展自行监测时，仍须对以上污染物开展监测，确保数据"真、准、全"。

根据现阶段技术水平，颗粒物、氮氧化物、二氧化硫、氯化氢、一氧化碳等指标已实现自动监测，其他指标如二噁英类、重金属类污染物无法实现自动监测，须采取手工监测的方式进行定期监测。

71. 如何对烟气实行自动监测？

烟气排放连续监测系统（continuous emission monitoring system，CEMS）可以实现对垃圾焚烧烟气中的颗粒物、气态污染物和烟气排放参数进行连续和实时测定，并通过数据采集、传输与处理子系统将数据传输至生态环境部门。

烟气排放连续监测系统

（1）颗粒物测定

颗粒物的主要测定方法有β射线法、不透明光度法、电荷法、光散射法等。垃圾焚烧行业常用的是光散射法，该法是由光源发出的光线定向地朝着颗粒物发射，颗粒物使部分光产生散射，在散射角范围内的光敏器件测量到散射光强度，从而反算出颗粒物浓度。

（2）气态污染物测定

对于气态污染物，自动监测技术有非分散红外法（NDIS）、傅里叶变换红外法（FTIR）、紫外荧光法（UVF）、可调谐激光法、紫外差分吸收光谱法（UDOAS）等。垃圾焚烧厂使用较多的为傅里叶变换红外法。

（3）烟气排放参数

烟气排放参数主要包括烟气温度、湿度、含氧量、流量、压力。烟气温度一般采用热电偶测量；湿度可采用采样后冷凝法测量，或直接利用湿度传感器测量；含氧量可用氧化锆传感器测量；压力和流速可采用皮托管法测量，并计算出流量。

72. 公众如何了解垃圾焚烧厂的烟气排放情况?

目前，公众可以通过垃圾焚烧厂门口电子显示屏公开的自动监测数据，来了解附近垃圾焚烧厂的烟气污染物排放数据和炉温数据；也可以通过"生活垃圾焚烧发电厂自动监测数据公开平台"，查询全国各家焚烧企业的基本信息、烟气污染物监测数据、炉温数据。

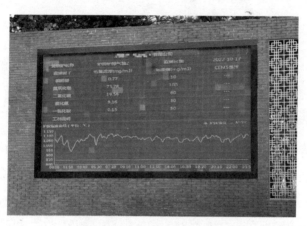

垃圾焚烧厂门口树立的电子显示屏

73. 烟气中的二噁英如何监测?多长时间监测一次?

根据《生活垃圾焚烧污染控制标准》（GB 18485—2014），烟气中的二噁英类采用《环境空气和废气 二噁英类的测定 同位素稀释高分辨气相色谱-高分辨质谱法》（HJ 77.2—2008）监测。垃圾焚烧厂应每年至少监测一次烟气中的二噁英类；生态环境部门应随机对垃圾焚烧厂的二噁英类进行监督性监测，每年至少一次。近年来，根据垃圾焚烧发电行业达标排放专项整治行动安排，生态环境监测部门每季度对垃圾焚烧厂开展一次执法监测。

74. 废水要监测什么污染物指标？如何监测？

根据《生活垃圾焚烧污染控制标准》（GB 18485—2014）要求，生活垃圾渗滤液和车辆清洗废水应收集并在生活垃圾焚烧厂内处理或送至生活垃圾填埋场渗滤液处理设施处理，处理后满足《生活垃圾填埋场污染控制标准》（GB 16889—2008）表 2 的要求后，可直接排放。

综上可知，废水监测应包含以下指标：色度、COD_{Cr}、BOD_5、悬浮物、总氮、氨氮、总磷、粪大肠菌群、总汞、总镉、总铬、六价铬、总砷、总铅。

目前，根据现阶段技术水平，废水部分指标可采用自动监测方式监测，无法实现自动监测的指标，可采用手工监测的方式进行。

75. 飞灰要监测什么污染物指标？多长时间监测一次？

目前飞灰的主要处置去向为螯合固化后进入生活垃圾填埋场填埋、水泥窑协同处置。

飞灰处理产物进入生活垃圾填埋场处置应符合以下监测要求：进入生活垃圾填埋场填埋前，应对飞灰的含水率、二噁英类以及危险成分浸出浓度进行监测，危险成分包括汞、铜、锌、铅、镉、铍、钡、镍、砷、总铬、六价铬、硒，保证满足《生活垃圾填埋场污染控制标准》（GB 16889—2008）的要求。二噁英类应每6个月至少监测一次，危险成分浸出浓度应每日至少监测一次。

飞灰处理产物进入水泥窑协同处置，需要按《水泥窑协同处置固体废物环境保护技术规范》（HJ 662—2013）的要求，控制其重金属及氯、氟、硫等有害元素含量。对所生产的水泥熟料的监测频次应符合《水泥窑协同处置固体废物技术规范》（GB 30760—2014）的要求。

76. 自动监测数据能否作为执法证据？

根据《生活垃圾焚烧发电厂自动监测数据应用管理规定》（生态环境部令 第10号）第五条，生态环境主管部门可以利用自动监控系统收集环境违法行为证据。自动监测数据可以作为判定垃圾焚烧厂是否存在环境违法行为的证据。因此，对于垃圾焚烧厂而言，烟气自动监测数据可作为执法证据。

#1炉 #2炉

2022-10-08 日均值 （单位:mg/m³）

监测因子	折算浓度	标准值	CEMS备注
颗粒物	1.57	20	--
氮氧化物	146.22	250	--
二氧化硫	3.06	80	--
氯化氢	22.72	50	--
一氧化碳	5.77	80	--
工况说明	--		

炉膛温度曲线

单位:℃   ■ 正常运行 ■ 850℃

基本信息   监测数据

生活垃圾焚烧发电厂自动监测数据公开平台

77. 什么是烟气比对监测？多长时间监测一次？

烟气比对监测是指采用国家或行业标准方法，与自动监测法同步采样分析，获取相同时间区间、相同状态的测量结果，对正常运行的固定污染源烟气排放连续监测系统的准确性进行验证。比对监测结果是判定自动监测数据是否准确、有效的重要依据。

《污染源自动监控设施现场监督检查办法》（环境保护部令 第19号）规定，不按照技术规范操作，导致污染源自动监控数据明显失真涉嫌违法。生态环境部门的执法检查、执法监测中可开展污染源自动监测设备的比对。企业应定期校验自动监测系统，有自动校准功能的自动监测系统测试单元每 6 个月至少校验一次，无自动校准功能的测试单元每 3 个月至少校验一次，校验时用参比方法和 CEMS 同时段数据进行比对。

78. 什么是第三方监测？

第三方监测一般指排污单位自身和承担监管职责的政府部门之外，具有"第三方"含义的社会生态环境监测机构开展的生态环境监测服务。

生态环境监测机构，是指依法成立，能够出具具有证明作用的数据、结果及报告，并独立承担相应法律责任的专业技术与服务机构。包括各级生态环境主管部门所属生态环境监测机构、各级人民政府相关部门所属从事生态环境监测工作的机构，以及从事生态环境检验检测、环境监测设备运营维护等活动的社会生态环境监测机构。

  《排污单位自行监测技术指南　总则》（HJ 819—2017）规定，"排污单位应按照最新的监测方案开展监测，可根据自身条件和能力，利用自有人员、场所和设备自行监测；也可委托其他有资质的检（监）测机构代其开展自行监测"。《关于推进生态环境监测体系与监测能力现代化的若干意见》（环办监测〔2020〕9 号）规定，"生态环境部门可委托有资质、能力强、信用好的社会监测机构配合开展执法监测"。因此，排污单位、生态环境部门可根据工作需求，分别委托有资质的第三方监测机构开展自行监测、执法监测。

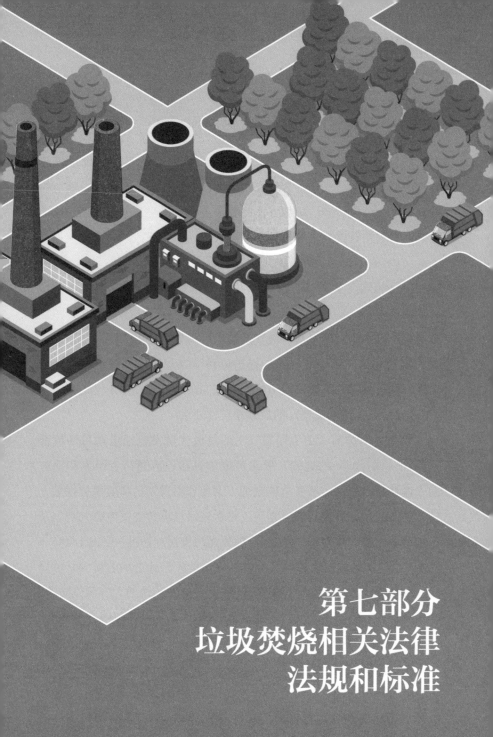

第七部分
垃圾焚烧相关法律
法规和标准

79. 垃圾焚烧厂主要有哪些规划要求？

垃圾焚烧厂属于社会公共服务基础设施，做好其规划选址以及与其他规划的衔接工作，合理安排用地计划指标，是确保项目落地的重要举措。垃圾焚烧厂规划方面的要求主要包括三个方面：规划选址要求、规划相符性要求和规划布局要求，具体如下：

（1）关于垃圾焚烧厂的规划选址要求

住房和城乡建设部等部门印发的《关于进一步加强城市生活垃圾焚烧处理工作的意见》（建城〔2016〕227号）、国家发改委印发的《关于进一步做好生活垃圾焚烧发电厂规划选址工作的通知》（发改环资规〔2017〕2166号）均提出应科学谋划垃圾焚烧设施选址，加强规划引导，统筹解决垃圾焚烧设施的选址问题。

（2）关于垃圾焚烧厂的规划相符性要求

原环境保护部《关于印发〈生活垃圾焚烧发电建设项目环境准入条件（试行）〉的通知》要求焚烧项目建设应当符合国家和地方的主体功能区规划、城乡总体规划、土地利用规划、环境保护规划、生态功能区划、环境功能区划等，符合生活垃圾焚烧发电有关规划及规划环境影响评价要求。《生活垃圾焚烧污染控制标准》（GB 18485—2014）第4.1条规定生活垃圾焚烧厂的选址应符合当地的城乡总体规划、环境保护规划和环境卫生专项规划，并符合当地的大气污染防治、水资源保护、自然生态保护等要求。

（3）关于垃圾焚烧厂的规划布局要求

住房和城乡建设部等部门印发的《关于进一步加强城市生活垃圾焚烧处理工作的意见》（建城〔2016〕227号）对城市生活垃圾焚烧处理设施的规划建设提出了7条意见。其中第三条对焚烧设施选址管理做出了相关要求，提出扩大设施控制范围，可将焚烧设施控制区域分为核心区、防护区和缓冲区。核心区的建设内容为焚烧项目的主体工程、配套工程、生产管理与生活服务设施，占地面积按照《生活垃圾焚烧处理工程项目建设标准》要求核定。防护区为园林绿化等建设内容，占地面积按核心区周边不小于 300 m 考虑。

《城市环境卫生设施规划标准》（GB/T 50337—2018）共 7 章，其中第 6 章第 2 条规定新建生活垃圾焚烧厂不宜邻近城市生活区布局，其用地边界距城乡居住用地及学校、医院等公共设施用地的距离一般不应小于 300 m。生活垃圾焚烧厂单独设置时，用地内沿边界应设置宽度不小于 10 m 的绿化隔离带。

80. 哪些法规规定了垃圾焚烧厂的环评要求？

环境影响评价是从源头预防和减轻环境污染和生态破坏的制度。通过环境影响评价，既分析、预测和评估了垃圾焚烧厂可能造成的环境影响，提出了污染防治设施要求，明确了其环境防护距离，又保障了公众对垃圾焚烧项目的知情权、参与权、表达权和监督权。

《中华人民共和国环境影响评价法》由第十三届全国人民代表大会常务委员会第七次会议于 2018 年 12 月 29 日修正，于 2018 年 12 月 29 日起施行。该法共五章三十七条，明确规定了环境影响评价的概念、原则、范围、程序及法律责任等，其中，第十六条规定"国家根据建设项目对环境的影响程度，对建设项目的环境影响评价实行分类管理。建设单位应当按照建设项目的影响程度，组织编制环境影响报告书、环境影响报告表或者填报环境影响登记表。建设项目的环境影响评价分类管理名录，由国务院生态环境主管部门制定并公布"。

《建设项目环境影响评价分类管理名录》根据建设项目特征和所在区域的环境敏感程度，综合考虑建设项目可能对环境产生的影响，对建设项目的环境影响评价实行分类管理。按照最新的《建设项目环境影响评价分类管理名录（2021 年版）》（生态环境部令 第 16 号），生物质能发电类项目中的"生活垃圾发电"环评类别为"报告书"。因此，垃圾焚烧厂建设项目应当执行环境影响评价制度，编制环境影响报告书。

81. 哪些标准规定了垃圾焚烧厂的建设和运行维护要求？

生活垃圾焚烧发电厂的建设和运行维护执行《生活垃圾处理处置工程项目规范》（GB 55012—2021）。该规范为强制性生活垃圾处理处置工程建设规范，自 2022 年 1 月 1 日起实施。规范全文共 7 章，其中第3章对生活垃圾焚烧厂的建设和运行维护做出了规定。一是对焚烧厂的基本建设和运维内容进行了规定。二是对接收及储存系统的组成设施以及垃圾储坑做出了规定。三是对焚烧系统的装置组成、运行时间、炉膛温度、助燃燃烧器和点火燃烧器、温度监测断面、启动和停炉进行了规定，对燃料和活性炭储存供应设施、操作票和工作票制度、焚烧系统检修安全措施等内容提出了要求。四是明确了余热锅炉的额定出力确定、热力参数确定、检修、受热面更换的要求，以及对垃圾发电或供热做出了规定。五是规定了烟气净化系统的功能、在线监测、袋式除尘器检查内容。六是提出了炉渣和飞灰的收集、储存、运输和定期检测要求。

82. 哪些标准规定了垃圾焚烧厂的设备要求？

垃圾焚烧厂的主要设备分别对应执行不同标准。

对于垃圾接收、储存与输送系统，垃圾焚烧厂垃圾抓斗执行《生活垃圾焚烧厂垃圾抓斗起重机技术要求》（CJ/T 432—2013）。

对于焚烧与余热利用系统，焚烧炉及余热锅炉执行的标准包括《生活垃圾焚烧炉及余热锅炉》（GB/T 18750—2008）、《生活垃圾流化床焚烧锅炉》（GB/T 34552—2017）。

对于烟气净化系统，尾气处理设备执行《垃圾焚烧尾气处理设备》（GB/T 29152—2012）、《垃圾焚烧袋式除尘工程技术规范》（HJ 2012—2012）。

对于灰渣处理系统，飞灰稳定化处理设备执行《生活垃圾焚烧飞灰稳定化处理设备技术要求》（CJ/T 538—2019）。

83. 哪些标准规定了垃圾焚烧厂的评价要求？

生活垃圾焚烧厂的评价执行《生活垃圾焚烧厂评价标准》（CJJ/T 137—2019）。该标准共 4 章，为焚烧厂的建设水平评价和运行管理水平评价提供了依据，给出了评价打分表，提出了焚烧厂评价等级的划分方法。根据该标准，焚烧厂可分为 AAA 级、AA 级、A 级、B 级、C 级 5 个级别，被评为 AAA 级的焚烧厂处于国内领先水平。

84. 哪些标准规定了垃圾焚烧厂的检修要求？

《生活垃圾焚烧厂检修规程》（CJJ 231—2015）对垃圾焚烧厂设备、系统及附属设施的检修进行了规范，适用于已投产运行的焚烧厂。该标准对检修分级、检修计划及准备、检修过程以及检修后的试运启动和评估进行了规定。

85. 哪些标准规定了垃圾焚烧厂的监测要求？

垃圾焚烧厂的监测分为两类，一类为生态环境主管部门开展的监督性监测，另一类为垃圾焚烧厂开展的自行监测。其中监督性监测执行《生活垃圾焚烧污染控制标准》（GB 18485—2014）的要求，自行监测执行的标准包括《生活垃圾焚烧污染控制标准》（GB 18485—2014）、《排污许可证申请与核发技术规范　生活垃圾焚烧》（HJ 1039—2019）、《排污单位自行监测技术指南　固体废物焚烧》（HJ 1205—2021）。

（1）监督性监测要求

《生活垃圾焚烧污染控制标准》（GB 18485—2014）的第 9 章第 9.5 条规定，环境保护行政主管部门应采用随机方式对生活垃圾焚烧厂进行日常监督性监测，对焚烧炉渣热灼减率与烟气中颗粒物、二氧化硫、氮氧化物、氯化氢、重金属类污染物和一氧化碳的监测应每季度至少开展 1 次，对烟气中二噁英类的监测应每年至少开展 1 次。

（2）自行监测要求

《生活垃圾焚烧污染控制标准》（GB 18485—2014）第 9.4 条规定，生活垃圾焚烧厂运行企业对焚烧炉渣热灼减率的监测应每周至少开展 1 次；对烟气中重金属类污染物的监测应每月至少开展 1 次；对烟气中二噁英类的监测应每年至少开展 1 次。对其他大气污染物排放情况监测的频次、采样时间等要求，应按照有关环境监测管理规定和技术规范的要求执行。

《排污许可证申请与核发技术规范　生活垃圾焚烧》（HJ 1039—2019）共 10 章，其中，第 7 章对垃圾焚烧厂的自行监测提出了详细的管理要求，包括自行监测的一般原则、监测方案、监测内容、监测点位、监测频次及监测相关要求等内容。

《排污单位自行监测技术指南　固体废物焚烧》（HJ 1205—2021）对包括垃圾焚烧在内的固体废物焚烧排污单位的自行监测提出了要求，一是规定了自行监测的一般要求，二是规定了废水、废气、固体废物、厂界环境噪声、周边环境质量影响的具体监测方案，三是规定了信息记录和报告内容。

86. 哪些标准规定了垃圾焚烧厂的污染物防控要求？

《生活垃圾焚烧污染控制标准》（GB 18485—2014）对垃圾焚烧厂的污染物防控提出了整体要求。《生活垃圾焚烧污染控制标准》首次发布于 2000 年，并分别于 2001 年、2014 年进行了修订，2019 年进行了修改。该标准共 10 章，从选址要求、工艺要求、入炉废物要求、运行要求、排放控制要求、监测要求、实施与监督 7 个方面做出了规定。

87. 垃圾焚烧厂纳入排污许可证管理范围了吗？

排污许可制度是企事业单位生产运营期排污的法律依据，是确保环境影响评价提出的污染防治设施和措施落实落地的重要保障。

《排污许可管理办法（试行）》（环境保护部令 第 48 号，2019 年修改）第五条规定，对污染物产生量大、排放量大或者环境危害程度高的排污单位实行排污许可重点管理，对其他排污单位实行排污许可简化管理。根据《固定污染源排污许可分类管理名录（2019 年版）》，国家对生活垃圾焚烧发电行业实行排污许可重点管理，生活垃圾焚烧排污单位需申请取得排污许可证。生态环境部已发布《排污许可证申请与核发技术规范 生活垃圾焚烧》（HJ 1039—2019）用于指导和规范生活垃圾焚烧排污单位排污许可证申请与核发工作，该标准自 2019 年 10 月 24 日起实施。

88. 制定《生活垃圾焚烧发电厂自动监测数据应用管理规定》的目的是什么？

《生活垃圾焚烧发电厂自动监测数据应用管理规定》（以下简称《管理规定》）由生态环境部部务会议于 2019 年 10 月 11 日审议通过，自 2020 年 1 月 1 日起施行。生态环境部有关《管理规定》的解读文章[1]明确说明了《管理规定》出台的三个目的和意义：一是打好污染防治攻坚战的迫切需要。生态环境部针对少数垃圾焚烧厂建设年代较早、设备相对陈旧、未能稳定达标排放、群众反映较为强烈等问题，将生活垃圾焚烧发电行业达标排放整治作为污染防治攻坚战的重要内容，积极推动相关问题的解决。二是强化常态化执法监管的重要举措。《管理规定》创新性地提出了自动监测数据可作为生活垃圾焚烧发电行业污染物排放超标等违法行为的认定和处罚依据，填补了自动

---

1 http://www.mee.gov.cn/xxgk2018/xxgk/xxgk15/201912/t20191202_744963.html.

监测数据直接用于行政处罚的空白,实现了对生活垃圾焚烧发电行业的实时监管,可有力震慑违法排污行为,促进垃圾焚烧厂自觉守法,让行业监管愈加透明,是一次历史性的突破。三是促进行业健康发展的必然要求。《管理规定》通过自动监测手段,实现全天候环境监管,依法打击超标排污、弄虚作假等违法行为,"倒逼"行业优胜劣汰,淘汰个别工艺水平落后、管理水平低下、不能长期稳定达标排放的垃圾焚烧厂,促进垃圾焚烧厂练好"内功",提高环境管理水平,加快从"要我守法"到"我要守法"的转变。

89. 《生活垃圾焚烧发电厂自动监测数据应用管理规定》的主要内容是什么?

《管理规定》的主要内容有三点:一是首次明确了自动监测数据可作为证据判定垃圾焚烧厂是否存在环境违法行为,这既强化了垃圾焚烧厂保证自动监测设备正常运行的主体责任意识，又有效提升了生态环境部门的执法效能。二是确定了炉温的测量时间、不达标的判定和处理，为焚烧炉炉温达标监管提供了抓手。三是首次提出了自动监测数据标记的概念，说明了数据标记的约束条件和累计时限要求，进一步强化了自动监测数据应用于生态环境执法的可操作性。

第八部分
环境保护公众参与

90. 什么是环境保护公众参与？法律对环境保护公众参与有什么规定？

　　环境保护公众参与是指在环境保护领域，团体和个人均有权通过一定的程序和途径，参与与其环境权益相关的活动，其目的在于制约和保障政府依法、公正、合理地行使行政权力。该原则是党的群众路线在环境保护领域中的反映，是政府决策科学化、民主化的必然要求。

　　《中华人民共和国环境保护法》由第十二届全国人民代表大会常务委员会第八次会议于 2014 年 4 月 24 日修订通过，自 2015 年 1月 1 日起施行。该法共 7 章 70 条，第五章对信息公开和公众参与做出了规定，包括规定了公民、法人和其他组织获取环境信息、参与和监督环境保护的权利，举报污染环境和破坏生态行为、职责部门不依法履行职责的权利，对污染环境、破坏生态、损害社会公共利益的行为提起诉讼的权利。

《中华人民共和国环境影响评价法》由第十三届全国人民代表大会常务委员会第七次会议于 2018 年 12 月 29 日修正，于 2018 年 12 月 29 日起施行。该法第五条规定，国家鼓励有关单位、专家和公众以适当方式参与环境影响评价。

91. 谁是环境影响评价公众参与的责任主体？

《中华人民共和国环境影响评价法》规定，除国家规定需要保密的情形外，专项规划的编制机关、建设单位应分别在规划草案、建设项目环境影响报告书报批前，举行论证会、听证会，或者采取其他形式，征求有关单位、专家和公众的意见。

《环境影响评价公众参与办法》第六条规定，专项规划编制机关和建设单位负责组织环境影响报告书编制过程的公众参与，对公众参与的真实性和结果负责。第二十九条规定，建设单位违反本办法规定，在组织环境影响报告书编制过程的公众参与时弄虚作假，致使公众参与说明内容严重失实的，由负责审批环境影响报告书的生态环境主管部门将该建设单位及其法定代表人或主要负责人失信信息记入环境信用记录，向社会公开。

因此，在环境影响评价公众参与工作中，专项规划编制机关和建设单位对公众参与的真实性和结果负责，是公众参与的责任主体。

92. 垃圾焚烧厂开展环境影响评价公众参与的程序是什么？

垃圾焚烧厂开展环境影响评价公众参与的程序包括：建设单位

首次信息公示及意见收集、建设单位征求意见稿公示及意见收集、编写建设项目环境影响评价公众参与说明、建设单位报批前公示、主管部门受理后公示及意见收集、主管部门审批前公示及意见收集、主管部门审批决定公告。

（1）建设单位首次信息公示及意见收集

《环境影响评价公众参与办法》第九条规定，建设单位应当在确定环境影响报告书编制单位后 7 个工作日内，通过网络平台公开下列信息：建设项目基本情况、建设单位名称和联系方式、环境影响报告书编制单位的名称、公众意见表的网络链接、提交公众意见表的方式和途径。

在环境影响报告书征求意见稿编制过程中，公众可以通过首次信息公示公布的电话、邮箱和邮寄地址向建设单位提出与环境影响评价相关的意见。

（2）建设单位环评征求意见稿公示及意见收集

《环境影响评价公众参与办法》第十条规定，建设项目环境影响报告书征求意见稿形成后，建设单位应当公开下列信息：环境影响评价报告书征求意见稿全文的网络链接及查阅纸质报告书的方式和途径、征求意见的公众范围、公众意见表的网络链接、公众提出意见的方式和途径、公众提出意见的起止时间。征求公众意见的期限不得少于 10 个工作日。

第十一条规定，上述信息应当通过网络平台、项目所在地公众易于接触的报纸、项目所在地公众易于知悉的场所张贴公告三种方式同步公开，同时鼓励建设单位通过广播、电视、微信、微博及其他新媒体等多种形式发布上述信息。

第十四条规定，对环境影响方面公众质疑性意见多的建设项目，建设单位应当通过组织召开公众座谈会或者听证会、专家论证会等方式开展深度公众参与。

（3）编写建设项目环境影响评价公众参与说明

《环境影响评价公众参与办法》第十九条规定，建设单位向生态环境主管部门报批环境影响报告书前，应当组织编写建设项目环境影响评价公众参与说明。公众参与说明应当包括：公众参与的过程、范围和内容，公众意见收集整理和归纳分析情况，公众意见采纳情况，或者公众意见未采纳情况、理由及向公众反馈的情况等。

（4）建设单位报批前公示

《环境影响评价公众参与办法》第二十条规定，建设单位向生态环境主管部门报批环境影响报告书前，应当公开拟报批的环境影响报告书全文和公众参与说明，公开途径为网络平台。

（5）主管部门受理后、审批前公示及意见收集

《环境影响评价公众参与办法》第二十二条规定，生态环境主管部门受理建设项目环境影响报告书后，应当通过其网站或者其他方式向社会公开环境影响报告书全文、公众参与说明、公众提出意见的方式和途径信息，公开期限不得少于 10 个工作日。

第二十三条规定，生态环境主管部门对环境影响报告书作出审批决定前，应当通过其网站或者其他方式公开下列信息：建设项目名称、建设地点，建设单位名称，环境影响报告书编制单位名称，建设项目概况、主要环境影响和环境保护对策与措施，建设单位开展的公众参与情况，公众提出意见的方式和途径。公开期限不得少于 5 个工作日。

第二十四条规定，在上述生态环境主管部门受理环评报告书后和审批前的信息公开期间，公民、法人和其他组织可以依照规定的方式、途径和期限，提出对建设项目环境影响报告书审批的意见和建议，

举报相关违法行为。收到举报后，生态环境主管部门应当依照国家有关规定处理，必要时通过适当方式向公众反馈意见采纳情况。

（6）主管部门审批决定公告

《环境影响评价公众参与办法》第二十七条规定，生态环境主管部门应当自作出建设项目环境影响报告书审批决定之日起7个工作日内，通过其网站或者其他方式向社会公告审批决定全文，并依法告知提起行政复议和行政诉讼的权利及期限。

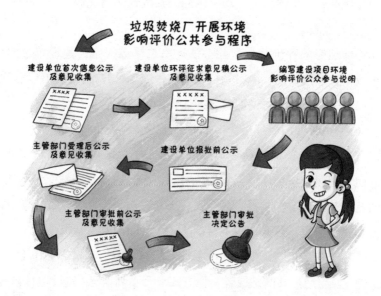

93. 哪些人可以在垃圾焚烧厂环境影响评价公众参与过程中提出意见和建议？提出的途径有哪些？

《环境影响评价公众参与办法》第五条规定，建设单位应当依法听取环境影响评价范围内的公民、法人和其他组织的意见，鼓励建设单位听取环境影响评价范围之外的公民、法人和其他组织的意见。

第三十条规定，公众提出的涉及征地拆迁、财产、就业等与建设项目环境影响评价无关的意见或者诉求，不属于建设项目环境影响评价公众参与的内容。公众可以依法另行向其他有关主管部门反映。

因此，公民、法人和其他组织提出与建设项目环境影响评价相关的意见或者诉求的，均属于建设单位意见收集范围。

在建设项目开展环境影响评价公众参与工作期间，公众可通过环境影响评价信息公示公布的联系电话、联系地址、传真号码和邮箱等，以电话、传真、信函和邮件等形式，向建设单位提出对本项目的意见或建议；此外，在生态环境主管部门审批过程中，公众可通过审批部门网站获取审批部门联系电话、联系地址、传真号码、邮箱等，依照规定的方式、途径和期限，提出对建设项目环境影响报告书审批的意见和建议。

94. 环境影响评价公众参与的作用是什么？

公众参与是环境影响评价工作中的一项法定程序，这项工作在政府、公众、建设方三者之间建立了沟通的桥梁。公众参与制度在保障公众依法有序行使环境保护知情权、参与权、表达权和监督权方面发挥了积极作用。

为充分发挥公众参与的积极作用，该项工作应严格按照相关规章制度进行。

《环境影响评价公众参与办法》要求，建设单位应当对收到的公众意见进行整理并进行专业分析，提出采纳或者不采纳的建议。建设单位综合考虑各项因素后，采纳与建设项目环境影响有关的合理意见，并据此修改完善环境影响报告书。对未采纳的意见，建设单位应当说明理由，并通过公众提供的有效联系方式，向其说明未采纳的理由。建设单位向生态环境主管部门报批环境影响报告书时，应当附具《公众参与说明》；公众可通过建设单位报批前公示和行政部门受理后公示查阅相关公众参与意见的反馈说明。

95. 环境影响评价公众参与如何得到保障和监督？

《环境影响评价公众参与办法》对强化保障和监督公众参与实施提出了具体要求，主要为：

一是规定建设单位的主体责任，要求建设单位单独编制公众参与说明，并纳入环评审批的受理要件，同步受理同步公开，接受公众监督和举报；

二是明确生态环境主管部门的审查义务，要求生态环境主管部门对公众参与说明的格式是否符合要求、公众参与程序是否符合《环境影响评价公众参与办法》的规定进行审查；

三是严惩违法和失信行为，建设单位未充分征求公众意见的，由生态环境主管部门责成其重新征求公众意见，退回环境影响报告书；对建设单位在公众参与工作中弄虚作假，致使公众参与说明内容严重失实的，由生态环境主管部门将该建设单位及其法定代表人或主要负责人失信信息记入其环境信用记录并公开。

通过上述措施，保障了公众参与落实到位，遏制了环评公众参与弄虚作假行为，保障公众环境权益。

96. 公众如何获取垃圾焚烧厂的环境监测信息？

公众可通过多种途径获取垃圾焚烧厂的环境监测信息。

（1）自行监测信息公开

公众可通过"生活垃圾焚烧发电厂自动监测数据公开平台"（网址：https://ljgk.envsc.cn/index.html）查询垃圾焚烧企业的基本信息、烟气污染物监测数据、炉温数据，也可通过"全国排污许可证管理信息平台公开端"查询垃圾焚烧企业的污染物排放信息、自行监测信息、排污许可证执行报告等环境信息。同时，公众可通过垃圾焚烧厂在厂区门口的电子显示屏查看在线监测结果。

（2）监督性监测信息公开

生态环境主管部门应采用随机方式对垃圾焚烧厂进行日常监督性监测，监督性监测结果通过垃圾焚烧企业所在辖区的生态环境主管部门官方网站向社会公布。污染物排放超过国家或者地方排放标准、污染严重的垃圾焚烧厂的监督性监测信息，由国务院生态环境主管部门适时公布。

97. 垃圾焚烧厂是否对公众开放？

2017 年，环境保护部和住房和城乡建设部联合印发了《关于推进环保设施和城市污水垃圾处理设施向公众开放的指导意见》（环宣教〔2017〕62 号），提出将包括城市生活垃圾处理设施在内的四类设施向公众开放。2018 年，生态环境部办公厅和住房和城乡建设部

办公厅再次联合印发《关于进一步做好全国环保设施和城市污水垃圾处理设施向公众开放工作的通知》（环办宣教〔2018〕29号），要求2020年年底前，各省（区、市）包括垃圾处理设施在内的四类设施开放城市的比例达到100%。迄今为止，生态环境部办公厅、住房和城乡建设部办公厅已公布了四批全国环保设施和城市污水垃圾处理设施向公众开放单位名单。对于已列入公众开放单位名单的垃圾焚烧厂，公众可按照焚烧厂公布的开放报名预约方式提出参观申请。

98. 什么是"邻避效应"？

"邻避效应"的概念起源于西方。20世纪70年代西方学者对社区反对某些基础设施选址与建设的现象进行了研究，提出"Not In My Backyard"（不要在我家后院）概念，邻避效应这一说法正是由此翻译而来。随着我国经济社会的高速发展，社会利益矛盾冲突日益显现，在环境领域，敏感项目的公众关注度日益增加，环评公众参与引发的群体性事件时有发生，如福建厦门PX项目事件、广州番禺区生活垃圾焚烧发电厂事件、杭州余杭垃圾焚烧厂事件等。

99. 如何推进垃圾焚烧厂"邻避效应"化解？

邻避项目建设运营过程中，需要政府、企业和公众三者的良性互动。要解决垃圾焚烧选址难题，先得解决"邻避效应"，而要解决"邻避效应"，就必须在面向公众进行垃圾焚烧科普工作的同时，保证公众的参与权、知情权、表达权和监督权，最大限度地打消附近居民的疑虑与担忧。

首先，建设单位应坚持信息透明化和公开化，向公众和政府提供真实完整的信息，消除信息不完全和不对称对公众心理和政府决策的负面影响。为此，建设单位应依法依规公开项目信息，加强宣传沟通，并及时听取公众和政府的意见，确保公众拥有知情权和表达权。

其次，建设单位应科学选址，对选址进行多方面比选和考虑；另外，选择成熟先进的工艺技术，严格落实各项环保设施和措施，尽可能减轻项目建设对周边环境的影响；加强运营管理，确保建设项目长期稳定达标运行。

再次，通过政府制定属地惠民政策、企业参与社区共建等措施，为项目所在地的经济发展、居民生活等提供政策倾斜，确保属地的利益得到保障。

最后，完善政府与社会共同监管机制，引入第三方专业机构依法对垃圾焚烧厂建设运营进行指导、规范、监督与监测；加强社区参与，赋予社区一定的监督权。